国家出版基金项目
NATIONAL PUBLICATION FOUNDATION

青少年太空探索科普丛书（第3辑）

载人登陆火星

焦维新　著

U0320383

祝融火神，云驾龙骖。

气御朱明，正阳是含。

作配炎帝，位列于南。

—— 出自《山海经图赞译注》，我国的第一辆
火星车命名为"祝融"。

知识产权出版社
全国百佳图书出版单位
—北京—

图书在版编目（CIP）数据

载人登陆火星 / 焦维新著 . — 北京：知识产权出版社，2023.12

（青少年太空探索科普丛书 . 第 3 辑）

ISBN 978-7-5130-9030-8

Ⅰ . ①载… Ⅱ . ①焦… Ⅲ . ①载人航天器 – 火星探测器 – 青少年读物 Ⅳ . ① V476.4–49

中国国家版本馆 CIP 数据核字（2023）第 243211 号

内容简介

　　人类进入太空时代不久，就开始酝酿载人登陆火星。本书结合火星探测的最新进展，全面介绍了载人探测火星的有关问题，包括载人探测的必要性、人类探测火星的前期计划、载人探测火星的六大关键元素、轨道设计、创新技术、火星表面系统、如何选择着陆点、火星基地等内容，带领读者开启"火星安家"之旅。

项目总策划： 徐家春

责 任 编 辑： 徐家春　李　婧　　**执 行 编 辑：** 赵蔚然

版 式 设 计： 索晓青　商　宓　　**责 任 印 制：** 孙婷婷

青少年太空探索科普丛书（第 3 辑）

载人登陆火星　ZAIREN DENGLU HUOXING

焦维新　著

出版发行： 知识产权出版社 有限责任公司		**网　　址：** http://www.ipph.cn	
电　　话： 010-82004826		http://www.laichushu.com	
社　　址： 北京市海淀区气象路 50 号院		**邮　　编：** 100081	
责编电话： 010-82000860 转 8573		**责编邮箱：** 823236309@qq.com	
发行电话： 010-82000860 转 8101		**发行传真：** 010-82000893	
印　　刷： 北京中献拓方科技发展有限公司		**经　　销：** 新华书店、各大网上书店	
开　　本： 787mm × 1092mm　1/16		**印　　张：** 9.5	
版　　次： 2023 年 12 月第 1 版		**印　　次：** 2023 年 12 月第 1 次印刷	
字　　数： 158 千字		**定　　价：** 69.80 元	

ISBN 978-7-5130-9030-8

出版权专有　侵权必究

如有印装质量问题，本社负责调换。

青少年太空探索科普丛书（第3辑）
编辑委员会

顾　　问：欧阳自远　中国科学院院士

　　　　　　　　　中国月球探测工程首任首席科学家

主　　编：刘　超

专家委员：焦维新　鲍建中　张婷玉　郑　欣　李　良

　　　　　梅　林　郑建川　曾跃鹏　王洪鹏　韦中燊

　　　　　余　恒　孙正凡

委　　员：王洪鹏　余　恒　白　欣　刘树勇　高淮生

　　　　　吉　星　张紫熙　贾　睿　吴　芳　王依兵

总　序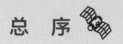

把科学精神写在祖国大地上

习近平总书记指出："科技创新、科学普及是实现创新发展的两翼，要把科学普及放在与科技创新同等重要的位置。没有全民科学素质普遍提高，就难以建立起宏大的高素质创新大军，难以实现科技成果快速转化。"党的十八大以来，党中央高度重视科技创新、科学普及和科学素质建设，全面谋划科技创新工作，有力推动科普工作长足发展，科普工作的基础性、全局性、战略性地位更加凸显，全民科学素质建设的保障功能更加彰显。

新时代新征程，科普工作要把培育科学精神贯穿培根铸魂、启智增慧全过程，使创新智慧充分释放、创新力量充分涌流，为推动我国加快建设科技强国、实现高水平科技自立自强提供强大的智力支持。

要讲好科学故事

党的十八大以来，党中央坚持把创新作为引领发展的第一动力，我国的科技事业实现历史性变革、取得历史性成就。中国空间站转入应用与发展阶段，"嫦娥"探月，"天问"探火，"羲和"逐日……这些工程在国内外产生了巨大影响。现在，我国经济总量上升到全球第二位，科学技术、文化艺术位居世界前列，正在向第二个百年奋斗目标奋勇前进。

在全面蓬勃发展的大好形势下，加强对青少年的科学知识普及，更好地激发他们热爱祖国、热爱科学、为国家科技腾飞而努力学习的远大理想，是当前的重要任务。科普工作者要紧紧围绕国家大局，用事实说话，用数据说话，讲清楚科技领域的中国方案、中国智慧，为服务经济社会发展、加快科技强国建设提供强大力量。要讲明白我国科技发展的过去、现在和未来。任何科技成就的取得都不是一蹴而就的，中华文明绵延数千年，积累了丰富的科技成果，这是我们宝贵的文化遗产。今天的我们要讲清楚中华文明的"根"与"源"，讲明白"古"与"今"技术进步的一脉相承，讲透彻中国人攀登科学高峰时不屈不挠、团结奉献的品格。

要弘扬科学精神

在中国共产党领导下，我国几代科技工作者通过接续奋斗铸就了"两弹一星"精神、西迁精神、载人航天精神、科学家精神、探月精神、新时代北斗精神等，这些精神共同塑造了中国特色创新生态，成为支撑基础研究发展的不竭动力，助力中华民族实现从站起来到富起来，再到强起来的伟大飞跃。

总　序

　　科学成就的取得需要科学精神的支撑。弘扬科学精神，就是要用科学精神感召和鼓舞广大青少年，引导青少年牢固树立为国家科技进步而奋斗的学习观，自觉将个人成长融入祖国和社会的需要之中，在经风雨中壮筋骨，在见世面中长才干，逐渐成长为可以担当民族复兴重任的时代新人。

要培育科学梦想

　　好奇心是人的天性，是提升创造力的催化剂。只有呵护孩子的好奇心，激发孩子的求知欲望，为孩子播下热爱科学、探索未知的种子，才能引导他们勇于创新、茁壮成长，在未来将梦想变成现实。

　　科普工作要主动聚焦服务"双减"背景下的中小学素质教育，鼓励青少年主动学习科学知识、积极探究科学奥秘。要遵循青少年身心发展规律和对知识的接受规律，帮助青少年开拓视野，增长知识。更重要的是，要注重传授正确的学习方法，帮助孩子树立正确的科学思维，让孩子在快乐体验中学以致用，获得提高。

　　我们欣喜地看到，知识产权出版社在科普出版中做了有益尝试，取得了丰硕成果。在出版科普图书的同时，策划、组织、开展了一系列的公益科普讲座、科普赠书等活动，得到广大青少年、老师家长、业内专家、主流媒体的认可。知识产权出版社策划的青少年太空探索系列科普图书，从不同角度为青少年介绍太空知识，内容生动，深入浅出，受到了读者欢迎。

即将出版的"青少年太空探索科普丛书（第3辑）"，在策划、出版过程中呈现出诸多亮点。丛书紧密聚焦我国航天领域的尖端科技，极大提升了中华儿女的民族自豪感；在讲解知识的同时，丛书也非常注重对载人航天精神和科学家精神的弘扬，努力营造学科学、爱科学、用科学的社会氛围；丛书在深入挖掘中华优秀传统文化方面做了有益尝试，用新时代的语言和方式，讲清楚中国人的宇宙观，讲好中国人的飞天梦、航天梦、强国梦，推进中华优秀传统文化创造性转化、创新性发展；同时，丛书充分发挥普及科学知识、传播科学思想、倡导科学方法、弘扬科学精神的作用，努力提升青少年读者的科学素养和全社会的科学文化水平。

"航天梦是强国梦的重要组成部分"。当前，我国航天事业发展日新月异，正向着建设航天强国的伟大梦想迈进。"青少年太空探索科普丛书（第3辑）"体现了出版人在加强航天科普教育、普及航天知识、传播航天文化过程中的使命与担当，相信这套丛书必将以其知识性、专业性、趣味性、创新性得到广大读者的喜爱，必将对激发全民尤其是青少年读者崇尚科学、探索未知、敢于创新的热情产生深远影响。

欧阳自远

2023 年 10 月 31 日

出版说明 🪐

党的二十大报告指出："全面建设社会主义现代化国家，必须坚持中国特色社会主义文化发展道路，增强文化自信，围绕举旗帜、聚民心、育新人、兴文化、展形象建设社会主义文化强国。"出版工作的本质是文明传播和文化传承，在服务国家经济社会发展，助力文化自信，构建中华民族现代文明进程中肩负基础性作用，使命光荣，责任重大。

知识产权出版社始终坚持社会效益优先，立足精品化出版方向，经过四十多年发展，现已形成多学科、多领域共同发展的格局。在科普出版方面，锻造了一支有情怀、有创造力、有职业精神的年轻出版队伍，在选题策划开发、图书出版、服务社会科普能力建设等方面做出了突出成绩，取得了较好的社会效益。以"青少年太空探索科普丛书"为例，我们在"十二五""十三五""十四五"期间，分别策划了第1辑、第2辑和第3辑，每辑均为10个分册，共计30册，充分展现了不同阶段我国航天事业的辉煌成就，陪伴孩子们健康成长。

"青少年太空探索科普丛书（第3辑）"是我社自主策划选题的一次成功实践。在项目策划之初，我们就明确了定位和要求，要将这套丛书做成展现国家航天成就的"欢乐颂"、编织宇宙奇幻世界的"梦工厂"、陪伴读者快乐成长的"嘉年华"，策划编辑团队要在出版过程中赋予图书家国情怀、科学精神、艺术底色，展现中国特色、世界眼光、青年品格。

本书项目组既是特色策划型，又是编校专家型，同时也是编印宣综合型。在选题、内容、形式等方面体现创新，深入参与书稿创作，一体推动整个项目的质量管理、进度管理、创新管理、法务管理等。

项目体量大、要求高，各项工作细致繁复，在策划、申报、出版各环节，遇到诸多挑战。但所有的困难都成为锻炼我们能力的契机。我们时刻牢记国家出版基金赋予的光荣与梦想，心怀对读者的敬意，以"能力之下，竭尽所能"的忘我精神，以"天下难事，必作于易；天下大事，必作于细"的工匠精神，逐一落实，稳步推进，心中的那道光始终指引我们，排除万难，高歌前行。

　　感谢国家出版基金对本套丛书的资助，感谢中国科学技术馆、哈尔滨工业大学、北京师范大学、深圳市天文台、北京天文馆、郭守敬纪念馆、北京一片星空天文科普促进中心等单位对本套丛书的大力支持，感谢国家天文科学数据中心许允飞等对本套丛书提供的无私帮助，感谢张凤霞老师、王广兴等对本套丛书给予的帮助。

　　希望这套精心策划的丛书能够得到读者的喜爱，我们也将始终不忘初心，继续为担当社会责任、助力文化自信而埋头奋进。

知识产权出版社党委书记、董事长、总编辑　刘　超

2023 年 12 月 4 日

目 录

第一章　为什么要载人探测火星......................1

1　载人探测火星的必要性　.................... 2

2　载人探测火星的挑战　.................... 8

3　采取的措施及对策　.................... 12

第二章　载人探测火星的前期计划......................17

1　俄罗斯的探索计划　.................... 18

2　NASA 火星设计参考任务　.................... 21

3　NASA 火星之旅三步走计划　.................... 24

4　NASA 的月球到火星战略　.................... 26

5　洛马公司的火星大本营　.................... 28

6　太空探索技术公司的计划　.................... 43

第三章　**载人探测火星的六大关键元素** ·············· 45

1　运载火箭　·································· 46

2　载人飞船　·································· 51

3　深空居住舱　································ 54

4　进入、下落与着陆装置　···················· 56

5　火星表面居住设施　·························· 63

6　火星上升飞行器　···························· 66

7　载人探测火星典型方案　···················· 68

第四章　**轨道设计** ·························· 73

1　火星与地球的相对位置　···················· 74

2　载人火星探测轨道分类　···················· 75

3　两类轨道的特点　···························· 77

目 录

第五章　**创新技术** ························· 79

　　1　可变比冲磁等离子体火箭 ·············· 80

　　2　高科技火星航天服 ··················· 82

　　3　轮式火星车和实验室 ················· 88

　　4　激光通信 ························· 90

第六章　**表面系统** ························· 93

　　1　表面居住与实验设施 ················· 94

　　2　生命保障系统 ······················100

　　3　健康保障技术 ······················101

　　4　舱外活动系统 ······················104

　　5　就地资源利用 ······················106

　　6　电源系统 ·························112

第七章　**着陆点选择**......117

　　1　选择着陆点的依据 118

　　2　部分候选着陆点介绍 120

第八章　**火星基地**......127

　　1　初级火星基地 128

　　2　高级火星基地 130

附录　**编辑及分工**......138

第一章

为什么要载人
探测火星

1

载人探测火星的必要性

载人探测火星是人类长期以来的梦想。早在 20 世纪 40 年代后期，就有学者认真研究将人类送上火星的可能性，成果发表在一本名为《火星计划》的书中。在 1969 年阿波罗 11 号登月后，许多人建议将载人登陆火星作为下一个太空探索的目标。然而，最终这些计划都被取消了。此后，美国官方和私企陆续提出了各种载人探测火星的计划，有些计划是从商业利益考虑，提出了一些不切合实际的设想，但大多数计划明确地阐述了探索火星的意义，提出了各自的方案。由于载人探测火星技术的复杂性，到目前为止还没有一种方案得到广泛认可，但这项工作一直在推进。

人类从发射第一颗人造卫星到实现将航天员送入太空用了 4 年，从首次进入太空到载人登月用了 8 年。目前，实现载人登陆火星还没有明确的日期，足见其难度之大。

将人类送上火星的原因包括以下几方面：

（1）探索是创新和发现的催化剂。开展载人火星探测，体现的是人类不断探索的精神。在可预见的未来，火星是人类可以到达的太阳系中最有价值的科学地点。尽管过去 50 多年的火星机器人探索为我们提供了丰富的信息，有着令人难以置信的发现，但是大多数专家认为，很可能需要人类探险家到达火星，以确定火星上是否曾经有生命甚至仍然有生命，并进行许多其他科学调查，这些调查仅靠机器人是不可能完成的。载人登陆火星，尽管会遇到许多挑战，但人类历史就是不断迎难而上、不断创造奇迹的历史。载人登月是 20 世纪人类在太空探索方面的一个里程碑事件。21 世纪，特别是在人类太空探索的第二个 50 年内，最重大的事件恐怕将是载人登陆火星和发现地外生命了。

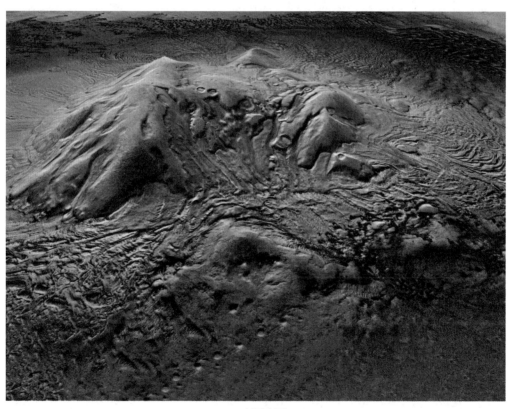

■ 火星表面
科学家发现火星上的这个陨石坑有适合生命存在的物质。

（2）许多科学问题的最终解决，需要人类直接登陆火星。弄清火星上现在和过去是否有生命，这个问题的难度很大。在火星表面，由于恶劣的气候和强的粒子辐射，生命很难维持；而在一些洞穴或溶洞区域，机器人却难以到达，即使能到达，也难以对复杂问题做出正确判断。而训练有素的航天员，可以判断和解决一些现场遇到的问题。

重要的是要考虑到人类在探索火星时所具有的独特能力，包括：现场工作的速度和效率，到达机器人难以到达的地方灵活性和熟练性，超过目前机器人的操作自由度，而且最重要的是，人类与生俱来的智慧、独创性和适应性，能够实时评估并立刻做出判断以应对各种意外情况。

人类是独特的科学探索者，可以在火星表面获得以前无法获得的科学测量数据。此外，人类有能力适应意想不到的新情况，在陌生环境中，人类探险家具有很强的识别能力，可以实时做出决策。人类可以在火星表面使用从地球带去的先进科学设备和仪器，对火星表面、地下和大气进行详细、精确测量。在人类实时控制下，机器人可以探测不适合人进入或太危险的区域。

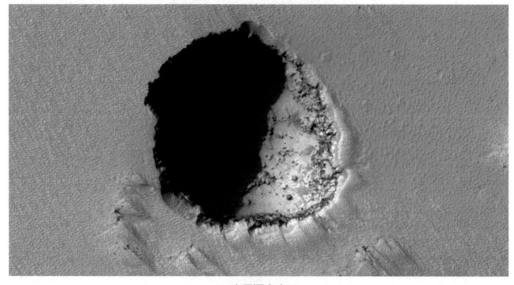

■ 火星洞穴出口

（3）载人登陆火星需要突破一些关键技术。解决这些关键技术，会极大地增强人类探索宇宙空间的能力；同时，也将在一定程度上促进经济的发展，提高人类在地球上的生活质量。

■ NASA 在研的新型火星车

（4）在载人探测火星的基础上，未来还将建立火星基地，更广泛深入地对火星进行探测，同时，也为距离更远的深空探测打下基础。火星基地可分为初级火星基地和高级火星基地，到高级火星基地阶段，人类在那里的生活和科学考察条件将大大改善。除了科考人员在那里工作之外，还将开展火星旅游，进一步实现火星就地资源利用。

■ 高级火星基地想象图

（5）更深入地了解地球。火星是太阳系中与地球最相似的行星。火星曾经是一个像地球一样温暖湿润的星球，那时火星的大气层比现在厚得多。火星上发生了什么才导致它成为现在这样一个荒凉的星球？地球上也会发生同样的事情吗？我们对地球可能发生情况的分析不能仅仅依赖于一个数据点——地球的数据点。为了人类在地球上的未来，我们必须把人类放在其他地方，我们要通过研究火星来了解我们的家园。

（6）人类登陆火星将促进广泛的国际合作。登陆火星，探测更远的星球，是人类共同的愿望，这个新的、更加宏伟的目标，将会促进全世界的和平与发展。

（7）促进人类的进步。载人登陆火星只是人类探索宇宙的一个阶段性目标，实现这个目标将为实现更远的目标，如探索土卫二、土卫六等其他可能有生命的天体奠定基础。从更长远的目标考虑，人类探索的足迹还将到达开伯带、日球顶，甚至到太阳系的边界——奥尔特云。

■ 星辰大海

　　20 世纪 60 年代，登陆月球是人类迈出的一大步，激发了几代人的远大梦想和伟大事业。而今，新的火星赛季已然开局，一个个探测器像矫健的运动员接连出征，开启它们的"乘风破浪"之旅。

　　我们相信，这些坚强的太空"健儿"将为人类揭开火星的更多秘密，让登陆火星、星际旅行离我们更近一步！

载人探测火星的挑战

在载人探测火星的整个过程中，航天员将连续经受星际转移、空间环境、密闭生活空间及直接接触火星的动力学作用因素的影响。主要因素如下：

（1）飞行任务的一般条件：火星距离地球为5 500千米至4亿千米。航天员将离开地球大约3年，而不是为期数天的月球之旅。

与来到空间站探险相比较，如果空间站发生医疗事件或紧急情况，机组人员可以在数小时内返回地球；同时，货运飞船不断为机组人员提供新鲜食物、医疗设备和其他资源。一旦你踏上去往火星的旅程，就没有回头路，也没有补给；长达20分钟的单向通信延迟、设备故障、医疗紧急情况都是前往火星不得不面临的问题。规划和自给自足是成功执行火星任务的关键，航天员必须能够在没有地球同伴支持的情况下应对一系列紧急状况。

■ 到火星将经历长时间的旅行

（2）星际空间的物理因素：高辐射强度、亚磁环境、陨石危险。

人类火星任务遇到的辐射危险难以想象，辐射不仅隐秘，而且被认为是所有危害中最具威胁性的一种。

离开了地球磁场的自然保护，辐射暴露明显增加，这会增加患癌症的风险，损害中枢神经系统，改变认知功能，降低运动功能并导致行为发生变化。空间站正好位于地球的保护磁场内，因此虽然航天员暴露在比地面环境高十倍的辐射下，但此时的辐射剂量仍然比深空面临的辐射要小。

■ 空间辐射灾害

为了减轻这种危险，深空飞行器要配备重要的屏蔽设备、剂量测定设备、警报设备。另外，还要在药物等医疗对策领域进行研究，以帮助抵御辐射。

（3）星际转移的动力因素：微重力，起飞、着陆和运动的重力加速度变化。

■ 前往火星须经历复杂的太空环境

■ 隔离禁闭带来的危害

（4）密闭居住生活环境因素：有限的生活空间、大气中存在的有毒物质、微生物繁殖、噪声。

一群人长期挤在一个狭小的空间里，无论多么训练有素，他们的行为问题都是不可避免的。机组人员将经过精心挑选和培训，以确保航天员能够作为一个团队在太空中有效工作数月或数年。

在地球上，我们可以拿起手机，立即与我们周围的人或事物建立联系。在火星之旅中，航天员将比我们想象的孤独，生活局限、睡眠不足、昼夜节律失调和工作超负荷加剧了这个问题，可能产生严重后果。

为了解决这一危险，科学家正在开发监测行为健康、改进身体机能的各种工具和技术，用于航天环境，以检测和解决早期风险因素。科学家还在航天员的工作量和工作难易程度、用于昼夜节律调整的医疗保障等方面进行研究。

（5）社会心理因素：与社会隔绝，脱离正常的地球生活，较大情绪负荷，组内和组间相互关系带来巨大心理压力。

日复一日地生活在一成不变的、小窗外一片漆黑的太空舱里会对人的思想产生什么影响？即使把飞船掉头，地球也只是远处的一个光点。在太空舱周围几十万千米的范围内，除了氢原子，就没有别的东西了。

（6）驻留在火星上的条件：低重力（0.38g），高电磁辐射，亚磁环境，伴随相当大的昼夜变化和季节性变化的温度，低气压，大气中二氧化碳含量高、氧气含量低，沙尘暴，强风，可能遇到外星生物。

上述条件和因素中，任务持续时间长和孤独感对航天员的考验最大。随着飞行任务时间的持续增加，航天员的生理和心理将发生巨大变化，面临的辐射剂量增加，各种危险情况（紧急事件、技术故障、陨石撞击、疾病等）出现的概率也将增加。

■■ 火星上的沙尘暴

3 采取的措施及对策

（1）通过地面模拟试验，可以积累面向长期载人深空探测任务的心理学和精神病学研究方面的资料和数据。近年来世界各国都开展了面向长期载人深空探测任务的地面模拟试验研究，例如，在俄罗斯举行的面向载人登陆火星的"火星500"试验，这个试验模拟多人多天的载人深空探测任务，其中重要的试验内容就是积累航天员的心理学和精神病学方面的研究数据，满足未来深空探测飞行任务的需求。

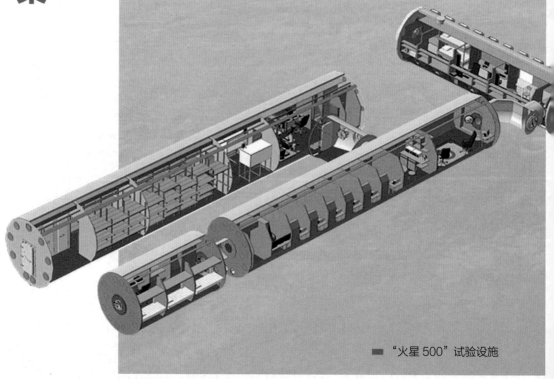

■ "火星500"试验设施

■ 深空居住舱想象图

（2）极其重要的部件，如氧气生成装置、温控装置、空气净化装置等要有备份。

（3）对舱内的生命保障系统精心设计，反复实验，确保高可靠性。

（4）进行长期自主、隔离飞行任务乘组机动、士气维持方法研究。

（5）进行长期飞行乘组自主心理检测、支持技术研究。

（6）增强深空通信能力，保证航天员定期与地面家人沟通，减轻孤独感。

（7）舱内设有接收设备，能定期或不定期接收来自地球的新闻。

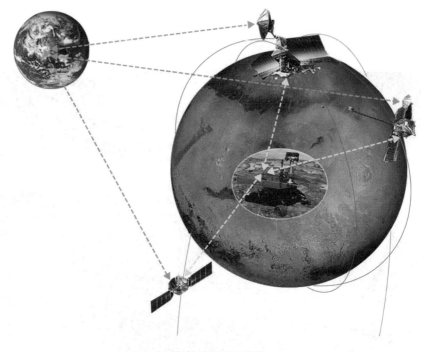

■ 火星与地球间的通信网

（8）关注航天员的选拔机制、训练过程和组织功能。为了使小型群组的航天员能够在深空飞行中连续数月或数年有效地工作和生活，必须高度关注航天员的选拔、训练和组织功能。另外，还需要研究开发出更有效的策略来应对个体、小组和文化方面的问题。

（9）在航天员到达火星表面之前，先通过货运飞船准备好火星车和居住设施。

■ 模拟火星环境设计的居住设施

第二章

载人探测火星的前期计划

1

俄罗斯的探索计划

在漫画、小说和电影作品中，火星经常是人类探索和定居的目标。几十年来，探索火星一直是人们太空计划的重要目标。自20世纪50年代以来，载人探索火星任务的相关研究就一直在进行，从科学考察（2~8名航天员）短暂访问火星，到永久定居火星，各种各样的计划都有。在21世纪初，美洲、欧洲和亚洲很多的机构都在制订人类探测火星的计划。近些年来的载人火星任务也是五花八门，欧美国家的私人公司虚张声势，虽然目标说得很具体，但无法实现，主要目的还是打广告。也有人从科学方面提出明确目标，并制订了具体计划，但还未见行动。

俄罗斯能源火箭航天公司早在1960年就启动了载人星际飞行任务的相关项目，主要工程方案是采用电推进实现星际飞行。载人星际飞行器在到达火星后，航天器将进入火星圆轨道，5个下降舱将登陆火星表面，其中一个舱搭载3名航天员。在降落后，这些舱将连接在一起组成可移动的平台，就像一列"火车"一样。在完成研究任务后，航天员将乘坐上升舱返回星际组合体并返回地球。

■载人星际飞行器想象图（1960年）

■ 在火星表面的"火车"想象图（1960年）

1969年，载人星际飞行项目被修改为使用核反应堆，使星际飞行器的功率提高了。同时，为了加强星际组合的电推进系统和飞往火星途中的发电可靠性，还增加了两个反应堆。

■ 星际组合体想象图（1969年）

此时设计者已经知道火星大气密度要比预期的低，因此他们将升降舱的个数减少为一个。

1987年，这个星际组合体的构型再次被修改，采用两个独立的推进装置，每个装置都有3个核反应堆。

■ 航天员乘坐升降舱离开火星想象图（1969年）

■ 带有两个独立推进装置的星际组合体想象图（1987年）

1988年，薄膜光电转换装置被太阳电池阵取代，这样，推进装置被设计成多舱结构。

在接下来的数年中，整个计划随着太阳电池阵展开技术的完善和简化而不断改进升级。在计划的技术研究阶段，苏联或俄罗斯在礼炮号、和平号空间站上开展了大量的工作，检验火星任务技术。

火星设计参考任务（Design Reference Mission，DRM）是指美国国家航空航天局（National Aeronautics and Space Administration，NASA）对载人火星任务的一系列概念设计研究。根据 NASA 的说法，这些文件"反映了正在进行的工作的'快照'，以支持未来人类对火星表面的探索计划"。火星设计参考任务用于技术研究，分析不同方法对任务的影响。

火星设计参考任务 1.0 是 NASA 于 1993 年 5 月在空间探索计划的支持下完成的研究，目标是在已有研究和数据的基础上开发一个"参考任务"，主要目标包括：

（1）利用快速往返火星战略，减少航天员暴露在恶劣太空环境中的时间。

（2）利用当地资源减少任务数量。

（3）将总任务分解为若干次发射任务，并预先在火星上部署所需硬件，以减少每次发射的质量，并最大限度地降低机组人员的风险。

（4）利用先进的空间推进（如核热推进）进行空间运输。

（5）使用大型运载火箭将有效载荷直接发射到火星。

2

NASA 火星设计参考任务

研究的结论是，第一批航天员的总任务质量约为900吨（3辆货运工具，1辆无人驾驶车）。该研究指出，大型运载火箭的研发是一个长期且昂贵的系统工程，应该研究使用小型运载火箭的方法。

■火星设计参考任务 1.0 中的居住舱

火星设计参考任务 2.0 描述了第一次人类火星任务的计划，使用的方法在技术上是可行的，有合理的风险，成本相对较低，强调降低飞船的质量，减少成本。

火星设计参考任务 3.0 是 NASA 火星探测小组 1997 年研究的延续，1998 年 6 月发布的报告是对 1997 年研究的补充。参考任务的目的是促进对替代方法的进一步思考和发展，它并不是人类火星任务最值得推荐的方法。这个任务方案中提出了火星表面充气居住舱的概念。

■火星设计参考任务 3.0 中的火星表面充气居住舱

火星设计参考任务 4.0 的目标是改进火星设计参考任务 3.0 的不足，提供进一步系统设计的概念，并提出降低风险的策略。该任务还研究了火星运输系统的核热推进和太阳能电力推进。

　　火星设计参考任务 5.0 是在 2009 年完成的。它对火星任务的描述非常详细，主要内容包括：地球—火星轨道；高级太空运输系统；火星 EDL 系统（Electronic Differential Locking Traction Control，是太空飞船在星球表面安全着陆所需要的一套流程）；火星发射活动地面系统架构；深空居住舱；火星表面系统；技术需求；人体研究；特别研究和战略评估。

■ 火星设计参考任务 5.0 的概念图

3 NASA 火星之旅三步走计划

2015 年 10 月 8 日，NASA 公布了登陆火星三步走的方案。

1 第一步叫"地球依赖"（Earth Reliant）。"地球依赖"的探索主要集中在国际空间站上。在空间站上，正在测试技术，推进人类健康和行为研究，使长期深空任务成为可能。

人类健康和行为研究包括：先进的通信系统，材料的可燃性测试，舱外操作，火星任务级环境控制和生命支持系统，三维打印，就地资源利用（In-Situ Resource Utilization，ISRU）演示材料处理测试。

国际空间站

地球

■ NASA 的"三步走"计划

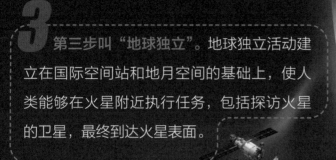

3 第三步叫"地球独立"。地球独立活动建立在国际空间站和地月空间的基础上，使人类能够在火星附近执行任务，包括探访火星的卫星，最终到达火星表面。

火星

2 第二步叫"试验场"。在试验场，NASA 将学习在深空环境中进行复杂的操作，可以让航天员在几天内返回地球，主要是在地月空间运行。NASA 将推进和验证人类对火星探索所需的能力，包括一个用于长时间系统测试的初始深空居住设施，交会对接和状态信息技术解决方案，通过重复使用和回收来减少消耗品，这些都成为下一步"地球独立"所需的关键操作能力。

月球

4

NASA 的月球到火星战略

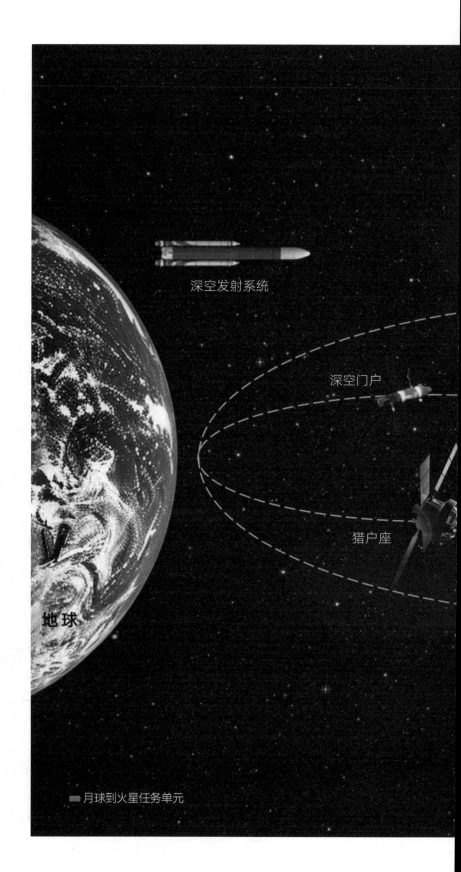

深空发射系统

深空门户

猎户座

地球

■ 月球到火星任务单元

2017 年 5 月 9 日，NASA 负责政策和计划事务的副局长格雷格·威廉斯在华盛顿特区举行的"人类登陆火星"峰会上的讲话再一次勾起了人们对这颗红色星球的畅想。在 NASA 的宏大计划当中，2020 年开始进行月球轨道飞行；建造"深空门户"空间站，并组装"深空运输"飞行器。21 世纪 20 年代至 30 年代，建成"深空运输"飞行器，在月球轨道进行为期一年的火星模拟飞行。2030 年之后，开始进行持续的前往火星系统和火星表面的载人长途飞行。

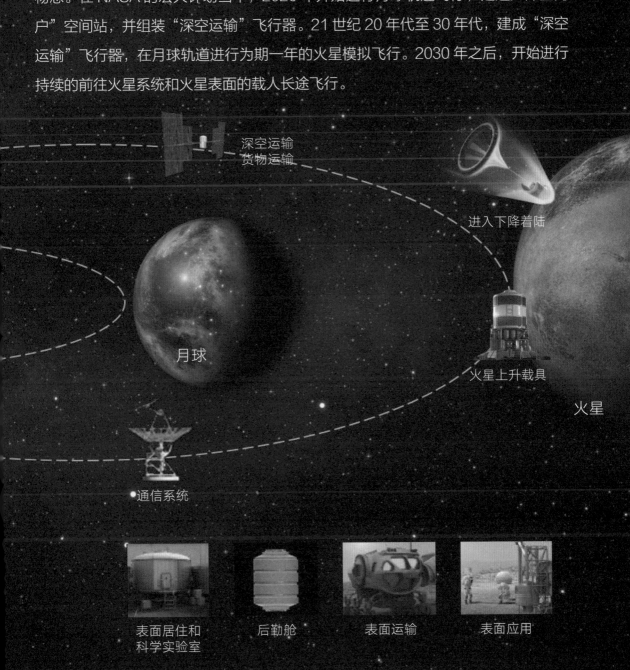

深空运输
货物运输

进入下降着陆

月球

火星上升载具

火星

通信系统

表面居住和
科学实验室

后勤舱

表面运输

表面应用

5

洛马公司的火星大本营

　　将人类送上火星一直是许多国家太空计划的长期目标。今天，将人类送上火星的共识似乎比以往任何时候都更普遍。在航天飞机和国际空间站计划中获得的惊人知识，以及猎户座飞船和太空发射系统（Space Launch System，SLS）运载火箭完成开发，NASA 及其国际和商业合作机构已着手制订人类火星探索的计划。2016 年 5 月，洛克希德·马丁公司首次推出火星大本营 (Mars Base Camp) 概念。这是一个大胆的计划，在大约 10 年内将科学家、航天员从地球运送到火星，研究基础科学问题。

　　洛克希德·马丁公司的火星大本营计划是将两个猎户座机组模块作为基石，有 6 名机组人员将探索火星的卫星并远程遥控机器人，包括将火星样品送回轨道大本营。后续任务也将过渡到使用从地球输送的水或在太空中获得的水来生产推进剂。在去火星之前，火星大本营各个技术元素将在地月空间组装和测试。这些技术元素设计本身将从 NASA"深空门户"的设计演变而来。

联合 NASA、国际和商业合作伙伴，火星大本营计划将实现高冒险、探索未知和加速科学发现的愿景。

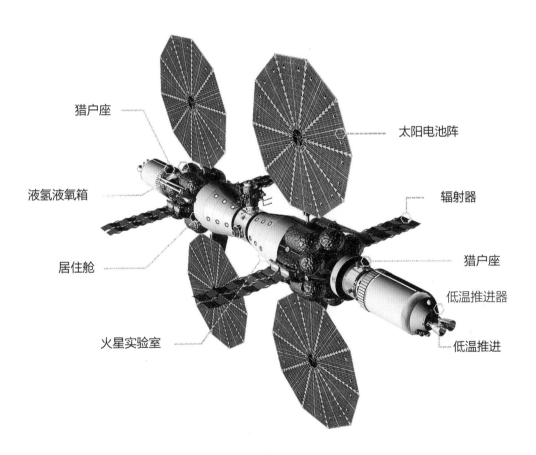

■ 火星大本营

火星大本营愿景

2010—2015 年，洛克希德·马丁公司提出了一系列越来越具有挑战性的铺路石探索任务，以便逐步深入太空并延长探索时间。铺路石计划充分利用了猎户座在近地轨道以外的能力，并提供了在轨道上执行和完善远程机器人表面操作、小天体附近的空间机动和样品返回的机会。洛克希德·马丁公司目前正在与 NASA 合作开展探索任务及后续飞行器的生产。

火星大本营的开发是为了在 10 年内探索人类到火星任务的可行性。火星大本营的一个突出特点是让科学家靠近火星及其卫星，配备新型探测器、漫游车、样品采集系统和低延迟控制下的远程探索器，并配备用于样品分析的大型实验室。科学家可以更快发现，近乎实时地做出决策，并根据发现调整和重新规划科学调查。不过，火星大本营科学家不会孤立地这样做，与地球上的同事进行高带宽通信将成为科学操作的一部分。在这次任务中进行的科学调查不仅来自三个起源问题："我们从哪里来？""我们要去哪里？""我们是孤独的吗？"还重点关注行星地质和大气科学。火星大本营的科学目标是：

（1）对火星表面的科学地面资产进行遥感和遥操作。

（2）进行现场调查，从火卫一（Phobos）获取样品并返回。

（3）进行现场调查，从火卫二（Deimos）获取样品并返回。

（4）在火星轨道上执行会合和捕获火星表面样品罐操作。

火星大本营架构元素建立在现有或正在开发中的技术基础之上，包括以下成熟且迅速发展的项目和系统：

（1）猎户座太空舱：这是 NASA 的第一艘深空载人航天器，专为长时间深空飞行而建造，采用多层策略来提升可靠性。

■ 猎户座太空舱

（2）太空发射系统：可以将航天员、关键实验室、栖息地和补给品送到火星的超重型升力系统。

（3）深空栖息地：将为航天员在进入火星轨道和随后返回的长途航行中提供安全的生活和工作场所。

（4）太阳能电力推进（Solar Electric Propulsion, SEP）：将地球轨道和深空探测的技术、小行星重定向任务中体现的先进推进概念、格伦开发的 12.5 千瓦霍尔效应推进器与 50~100 千瓦太阳能系统相结合，将在火星轨道上预先放置模块并将物品运送到地月空间。

火星大本营确定了一些关键原则推动架构解决，包括最大限度地减少系统开发的数量和最大限度地利用已开发的系统。为了提高可负担性，从而推动项目实施，如果已经存在解决方案，则无需创建新的复杂开发计划。例如，猎户座是火星大本营项目的核心。猎户座的架构具有持续时间长、在深空高度自主运行、在冗余层确保任务稳健完成和机组人员安全的能力。猎户座可以从任何月球返回轨迹和所有火星大本营设计的火星返回轨迹执行高速、精确的地球再入。

猎户座是一个避风港，可以在紧急情况下提供 3 周或更长时间的生命支持和消耗品。在发生重大紧急情况时，这为机组人员提供了计划恢复和维修所需的额外时间。猎户座还可以用作应急气闸或移动安全港。在前往火星卫星的出击任务中，拥有双猎户座可以让远方的机组人员得以生存，而火星大本营的机组人员则能够在低温推进系统故障中获得救援。对于 1 000 天的深空任务，执行自救的能力是必不可少的，因为从地球上进行救援是不可行的。

从性能的角度来看，将猎户座用作地月间的运输工具和部分火星车辆是有效的。猎户座是前往火星卫星为期 2 周的飞行任务的栖息地，拥有生命支持系统。猎户座隔热罩、降落伞和相关的再入系统和结构仅将系统总质量（包括推进剂）增加 5%~7%，并允许在紧急情况下机组人员直接进入并返回。这避免了在地月间的空间会合和将机组人员转移到空的猎户座飞船上所需的风险和额外的任务操作。

对于人类第一次星际任务，系统冗余和自救能力至关重要。系统从低地球轨道中止，只需 90 分钟即可安全返回地球表面。地月空间的中止需要 5~10 天，具体取决于轨道类型。而在火星任务期间中止是不太可行的，如果可以执行，它将需要几个月的时间才能安全返回地球表面。如果出现系统故障需要执行维修操作，火星大本营的工作人员将需要转移到冗余单元。他们还需要能够为任何出击任务执行救援行动。

除了安全之外，猎户座还可以利用整个架构中已经开发的系统来提高可以实现的功能。鉴于预算有限，除非绝对有必要执行任务，否则不应将开发资金用于更改或改进现有系统。

火星大本营架构旨在突出商业和国际合作伙伴的参与。从经过飞行验证的硬件，例如，国际空间站上的机械臂和实验室模块，到围绕太空推进和深空栖息地的创新概念，政府和企业合作伙伴的通力合作对于将火星大本营从概念变为现实至关重要。在过去的几十年中，商业和国际合作已成为研究空间技术和执行科学任务的重要组成部分，特别是在更大和更复杂的任务背景下。进入太空涉及一组私营企业和全球实体，其中许多可以为支持火星大本营提供多种选择。国际合作的一些可能性包括提供诸如科学实验室或中心节点之类的模块，以及提供诸如机器人手臂或太阳能电池阵列等主要构件。预先在火星上演的机器人科学元素，例如漫游者，是另一种贡献的可能性。在地月间的试验场阶段和建造火星飞行器期间也需要货运飞行，这可以由国际上的商业实体提供。

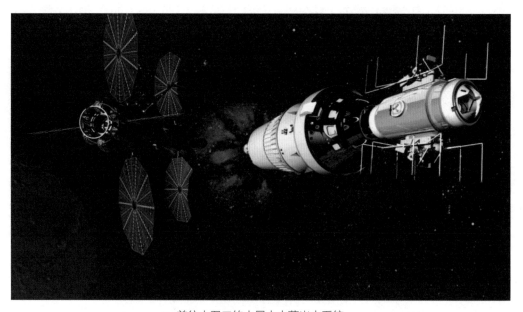

■前往火卫二的火星大本营出击系统

■ 环绕火星的大本营

■火星大本营

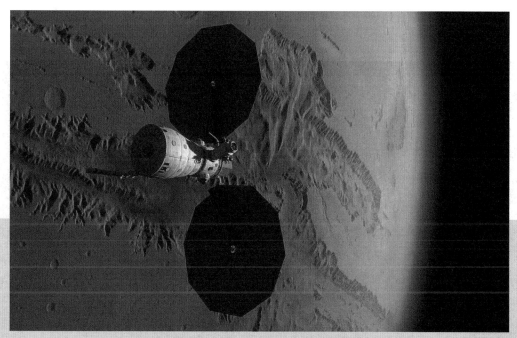

■ 火星大本营概念中的实验室组件

科学目标

　　今天，人类对火星的探索是通过在火星轨道上的探测器和火星表面上的机器人进行的。火星大本营通过使用科学家 / 航天员和先进的机器人技术进行前所未有的实地科学和原位样品分析，确定合适的人类着陆区并带回合适的样品，加速太阳系起源的科学研究和对生命的寻找。火星大本营为其实验室模块分配了 7 吨的科学设备，以及 40 千瓦的专用电力。特别令人感兴趣的是火星大本营漫游者之外的机器人系统，它们很好地补充了火星大本营漫游者上的机组人员和科学系统的能力和限制。

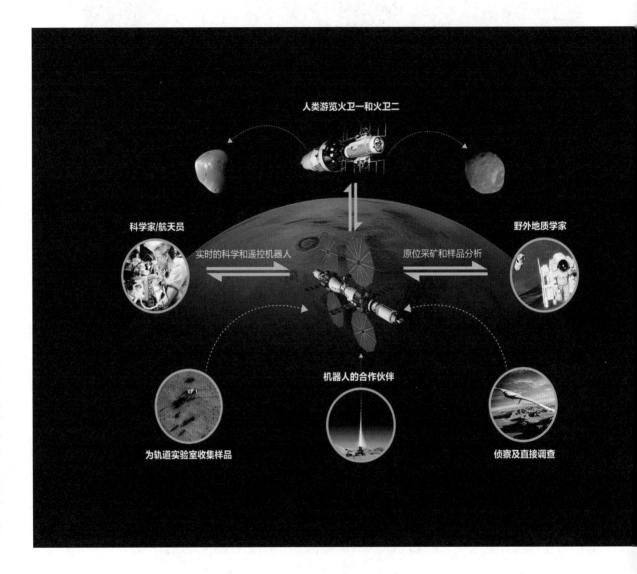

人类游览火卫一和火卫二

科学家/航天员

实时的科学和遥控机器人

原位采矿和样品分析

野外地质学家

机器人的合作伙伴

为轨道实验室收集样品

侦察及直接调查

■ 火星大本营任务科学元素

在火星大本营实验室进行样品类型分析时必须小心谨慎。行星保护和航天员安全问题可能会限制某些样品的处理方式。来自火星卫星的样品的重要性要低于火星表面的样品。除非对先前样品返回任务的材料分析消除了对可能将有害生物引入地球生物圈的担忧，否则必须避免火星样品与航天员直接接触。行星保护界当前的一个范式是"打破联系链"。最好的实施理念是，一旦样品被送入火星轨道，轨道上的航天器对样品缓存的捕获必须不能有任何不受控制的材料转移，例如，将缓存外部的灰尘转移到轨道器上。航天员检索缓存是一种理想的方法，因为训练有素的航天员在会合和捕获空间硬件方面具有熟练技能。随后，航天员可以对生物屏障内的样品进行分析，或者对样品子集进行消毒，以便可以在实验室环境中处理它们。

　　火星大本营旨在研究太阳系起源和演化的基本问题，以及火星上是否存在生命的基本问题。该架构能够将机器人元件发送到火星上，将样品返回火星轨道上的实验室进行分析，并将这些样品返回地球进行深入分析。机器人元素可以作为单独的任务发射到火星，也可以从火星大本营部署。这些机器人元件可能是着陆器、漫游者，甚至可能是飞行器。

访问火星表面

人类登陆火星是火星大本营的根本目标。为此，洛克希德·马丁公司提出了火星上升／下降飞行器的概念，旨在满足以下要求：

（1）支持从轨道到火星地表和返回轨道的出击任务的可重复使用飞行器。

（2）着陆器可容纳 4 名机组人员。

（3）着陆器的最大总质量为 100 吨。

（4）以液氢液氧为燃料，在火星轨道进行加注。

（5）着陆器可以降落在火星表面的任何地点。

为了降低成本并确保在 NASA 目前的预算下可以实现人类火星表面探索，应尽量减少新的开发。上升／下降飞行器与低温推进级有很多共同之处，包括液氧／液氢推进剂，并将包括 6 个具有深度节流能力的 RL-10 发动机。实验室包含许多与猎户座相同的内部组件，包括航空电子设备、控制和显示器、生命支持系统和其他航天员系统。由于轨道再入速度较低，主要是金属合金外壳为多次再入和通过火星大气层上升提供耐用、零维护的保护。该飞行器有可能执行 6.5 千米／秒的速度变化，提供在火星高轨道之外运行的能力。即使在下降和着陆期间，飞行器也将提供随时中止功能。该飞行器在 SLS Block 1B 空载发射，附加的太阳能电力在推进阶段提供服务，包括与火星大本营的会合和对接。

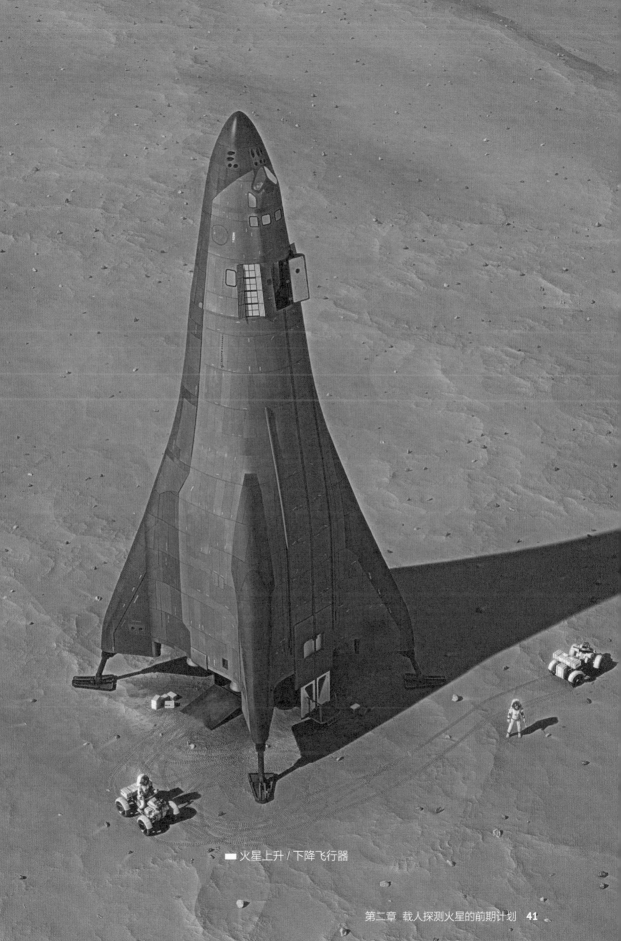

■火星上升／下降飞行器

火星大本营任务还将带领人类去探索火卫一（Phobos）和火卫二（Deimos）这两个外星世界，这两个外星世界的起源、历史和物质组成在很大程度上是未知的。一个猎户座、一个推进级和游览模块可以作为游览车一起运行。游览车中的 3 名航天员，分批次前往每个卫星。在火卫一和火卫二的低重力环境中，必须小心，避免用推进器踢动或撞击表面，因为这会使松散的表面物质进入轨道。

　　为了在这种环境中漫游探索，游览系统允许合适的航天员使用蜘蛛飞行者 / 行走者（Spider Flyer/Walker）进行舱外活动。该系统旨在让科学家 / 航天员直接与卫星表面互动，并通过跳跃在卫星表面自由移动，以避免推进器羽流干扰表面。该系统有一个混合反应控制系统，可以保持与表面的接触，必要时向表面推动，以在行走模式下保持接触。在舱外活动期间，一名机组人员将留在猎户座。在大约 2 周时间的出击任务中，可能会进行多次舱外活动。

■ 蜘蛛飞行者 / 行走者在火星卫星上的行动

6 太空探索技术公司的计划

2011 年，太空探索技术公司（SpaceX）的首席执行官埃隆 • 马斯克在一次采访中表示，他希望在 10~20 年内把人类送上火星。2012 年下半年，他设想了一个人口达数万人的火星移民地，而其中的移民者到达火星的时间不早于 2025 年。

2012 年 10 月，马斯克构思了一个建造运载能力远超猎鹰 9 号与猎鹰重型的可重复使用火箭系统的计划，这款新运载火箭将对猎鹰 9 号火箭做出一次“演进”，它的体积将会大许多。

2016 年 6 月，马斯克在接受美国《华盛顿邮报》专访时透露了火星探索计划的细节。作为火星探索计划的第一步，太空探索技术公司计划在 2018 年发射一艘货运飞船前往火星，之后于 2024 年发射载人航天器，并于 2025 年抵达火星。

2020 年 12 月 21 日，马斯克表示，太空探索技术公司非常有信心在 2026 年将人类送往火星，并补充说：“如果幸运的话，这一里程碑最早可能在 2024 年到达。”进行这些火星旅行的运载工具是 50 米长的星际飞船，它将搭载在一枚超重星箭上，从地球发射升空。马斯克表示，超重型火箭将在升空后不久返回地球且垂直着陆，星际飞船将能够多次从地球轨道飞向火星，并再次返回。

太空探索技术公司研发的大型运载火箭系统——星舰运载火箭

■猎户座载人飞船

第三章

载人探测火星的
六大关键元素

1

运载火箭

从硬件方面看，载人探测火星主要涉及六个方面，即运载火箭，载人飞船，深空居住舱，进入、下落与着陆装置，火星表面居住设施，以及火星上升飞行器。

载人探测火星的每一个部件，都要比登陆月球的大；每一项重要操作，都要消耗更多的燃料。这就要求发射载人探测火星的运载火箭一定要比"土星5号"（Saturn V）运载火箭大得多。

 土星 5 号运载火箭

NASA 新研制的运载火箭是"太空发射系统"，低地球轨道的运载能力为130 吨。这样的火箭用于载人探测火星也是很勉强的。

■ NASA 和 SpaceX 主要航天设备

	运载火箭	载人飞船
NASA	太空发射系统（SLS）	猎户座（Orion）
SpaceX	星舰（Starship）	龙飞船（Dragon）

即使有更大运载能力的火箭，一次发射也不能满足所有要求。当航天员登上火星后，停留的时间要几百天，还要采集样品，在火星表面进行科学考察和科学实验，因此，在航天员到达火星之前，应当由货运飞船将居住舱、实验室、火星车、巨大的太阳能电池阵等运送到火星表面，这就需要提前进行多次发射。

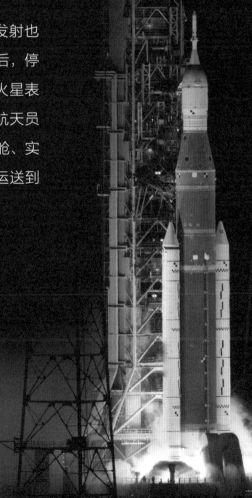

■ 太空发射系统

47

目前世界各国的运载火箭都是化学火箭，化学火箭的优点是技术比较成熟、可靠性高；缺点是火箭燃料的体积和质量很大，因此比冲小。**比冲是衡量推进剂和发动机性能的重要指标，定义为发动机的推力与单位时间内燃烧的推进剂重量之比，单位一般用秒。比冲越高，火箭的动力越大，速度越快，说明推进剂的效率高，发动机性能好。**一般固体火箭发动机的比冲为 250～300 秒，液体火箭发动机的比冲为 250～500 秒。

目前，国际上有一些国家和地区正在研究核火箭发动机，就是以核反应堆产生的热量为动力的火箭，称为"核热火箭"（Nuclear Thermal Rocket，NTR）。

核热火箭发动机反应堆与其他空间研究所用反应堆之间存在显著差异，其中最关键的问题是反应堆的结构问题，因为它需要在氢气环境下工作，承受的温度范围从低温到 3 000 开尔文，压力范围从真空到数百大气压。

从长远的角度看，在地球与火星之间"跑长途"的运载火箭，应该采用核热火箭。

目前，研发的核热火箭发动机主要有两种类型，即核热火箭发动机和核电源推进装置。核热火箭发动机在核燃料裂变反应的过程中，能量释放使工作介质在反应堆中加热至需要的温度，然后工作介质流经喷管膨胀加速喷出，在飞行期间提供推进动力。而核电源推进装置是一种核能发电和推进的装置，可以帮助飞行器实现星际间转移，并能产生电能。

核热火箭的优点是比冲高，一般为 875～950 秒；缺点是技术还不成熟，有辐射。

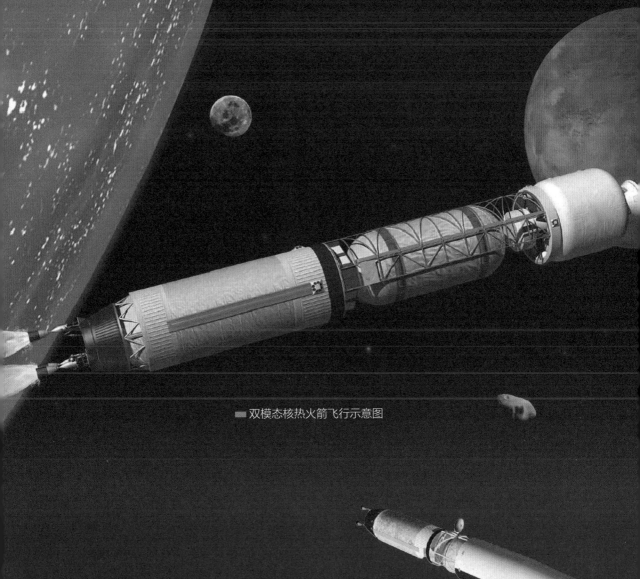

■ 双模态核热火箭飞行示意图

核热运载工具

总质量 283 吨

居住舱与猎户座飞船

液氢箱

■ 核热载人火箭

■ 核热货运火箭

在深空货运方面，美国的一些研究机构建议采用太阳能电力推进（Solar Electric Propulsion，SEP）。目前霍尔推进器系统的功率已经超过了 12.5 千瓦。

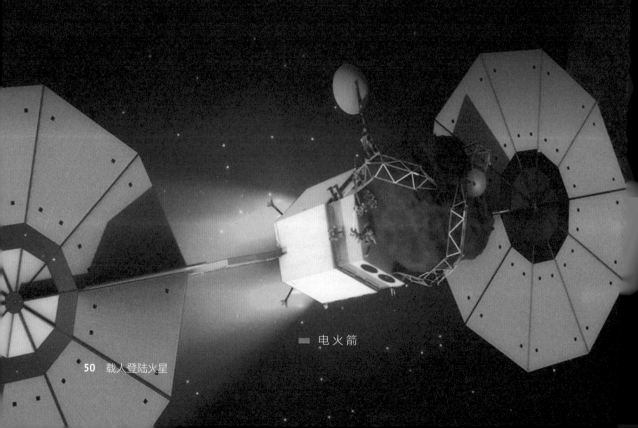

■ 电火箭

探测火星的航天员一般为 4~6 人，这要求指令舱要比当年登月的"阿波罗号"（Apollo）大。这不仅仅是增加几个人的问题，重要的是去火星的路程遥远，航天员在一个单程就要 7 个多月的时间。在这漫漫之路上，人的心理必然发生很大变化。因此，除了安排好航天员的"吃、喝、拉、撒、睡"之外，还要有航天员休闲娱乐的设施、工作与学习的场所。这样，飞船的整体结构就需要有较大的变化，除了增大指令舱外，还要增加类似我国神舟飞船那样的轨道舱，满足在轨道飞行期间航天员的生活需要。

服务舱是用于轨道修正的，在沿着地－火行星际轨道飞行期间，要定期进行轨道修正，确保按预定时间和位置切入火星轨道。服务舱所消耗的燃料显然也比登月的多。另外，还要考虑返回的要求。

目前，NASA和SpaceX都在开发新的载人飞船，其中NASA的猎户座已经投入使用。猎户座飞船的外貌与"阿波罗号"飞船相似，但内部空间比"阿波罗号"飞船大2.5倍，最多可容纳6名航天员，融入了电脑、电子、维生系统、推进系统及热防护系统等诸多技术创新。同航天飞机相比，猎户座的使用成本更低，安全系数提高了10倍，而且与航天飞机一样可以回收再用。

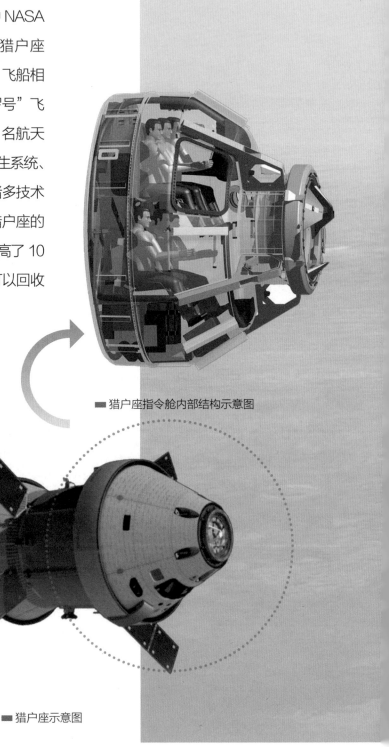

■ 猎户座指令舱内部结构示意图

■ 猎户座示意图

由SpaceX公司研发的载人龙飞船直径4米，长8.1米，最多可乘7人。

■ 龙飞船

3

深空居住舱

即使上述两种飞船投入使用，也不能满足载人探测火星的需要，在飞船系统中还缺少像神舟飞船轨道舱那样的设施。目前国外一些机构已经开始研制这类设备，并将其称为"深空居住舱"，并已取得了一些成果，包括这类设施的类型、功能、技术、材料、地基测试方法等。

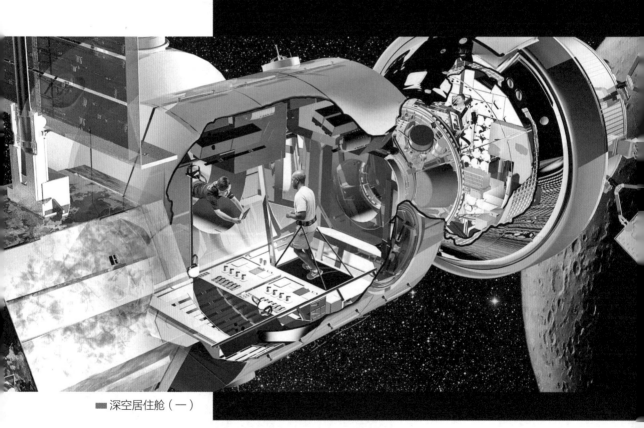

■ 深空居住舱（一）

■ 深空居住舱（二）

4 进入、下落与着陆装置

火星上的大气密度非常低，因此无法使用传统的地面空气动力减速着陆。发展载人级的大质量（大于100吨）进入系统在技术上是一个巨大的挑战。尽管最终结果具有不确定性，对于载人着陆系统的设计，目前已经提出了几种技术选项，值得进一步研究。下面介绍几种有代表性的技术和架构选项。

细长体进入和减速器

细长体进入和减速器一般包括类双锥、三锥、椭圆和有翼系统（如航天飞机）。像航天飞机一样，这些系统通过以大攻角飞行实现在高超声速飞行时的巨大升力。然而，即使有航天飞机一样的翅膀，对于火星上非常低的大气密度，仅仅增加升力还不能使飞行器在撞击火星表面前达到亚声速。当细长体的长宽比超过2.5时，这些系统会比直径相近的钝体产生更大阻力。

■ 细长体空气捕获和进入、下落以及着陆的空壳设计方案

■ 细长体减速器的另一种设计方案

钝体进入和下降减速器

钝体高超声速进入系统包括固定升力的钝体和高超声速充气钝体气动减速器。虽然这些系统升力（升阻比值 L/D 通常为 0.18~0.2）低，但它们有足够的系统升力来执行着陆时的精确制导。

这些系统比细长体设计有一些优势，最值得注意的是，发射、进入甚至超声速减速器的负载路径基本上都是在同一个方向，较低的阻力面积也减少了所需热防护系统（Thermal Protection System，TPS）的表面积。另一个优势是这些入口设计与其他火星进入系统（海盗号、探路者、机遇号、凤凰号和好奇号）设计是"同族的"，因此，它们是这些系统的自然延伸。

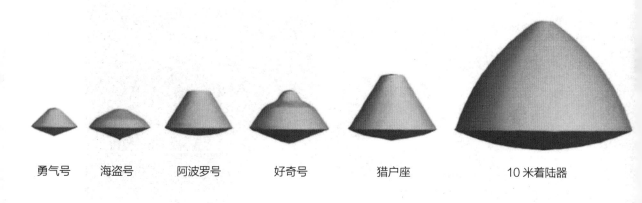

| 勇气号 | 海盗号 | 阿波罗号 | 好奇号 | 猎户座 | 10 米着陆器 |

■ 钝体进入的大小比较

超声速气动充气减速器

这些减速器引发了一些关键问题。例如，这些系统有多大？它们能在高动压超声速条件下安全展开吗？它们的充气速度有多快？充气的原理是什么？关注的气动热环境是什么？它们是如何附着在减速伞上的？它们可以形成细长体吗？它们是怎么包装的？它们是如何保持刚性的？运载具在使用时是否需要引导？这些系统在全尺寸下是如何测试的？这些问题将需要详细的模拟和材料测试来解答。

■ NASA 正在测试的超声速充气减速器

■ 低密度超声速减速器

超声速反推减速器

超声速反推减速的工作原理是利用反推发动机或发动机组直接在超声速状态下进行反向推进，从而实现减速。

当太空探测器进入任何具有大气层的星球时，它必须面对空气动力加热，首先进入超声速自由流，然后是超声速，最后是亚声速。利用空间飞行器上的超声速反推减速系统，产生推力，用来减速飞行器。这个系统的一个优点是，与以前的设计相比，它可以在任何速度或状态下使用。

高超声速气动充气减速器

相对其他设计而言，这一技术的问题是：如何加固以持续很长的时间的？哪些热防护材料是与充气以及灵活飞行兼容的？系统在全尺寸下是如何测试的？这是科学家关注的重点。

■ NASA 的高超声速气动充气减速器

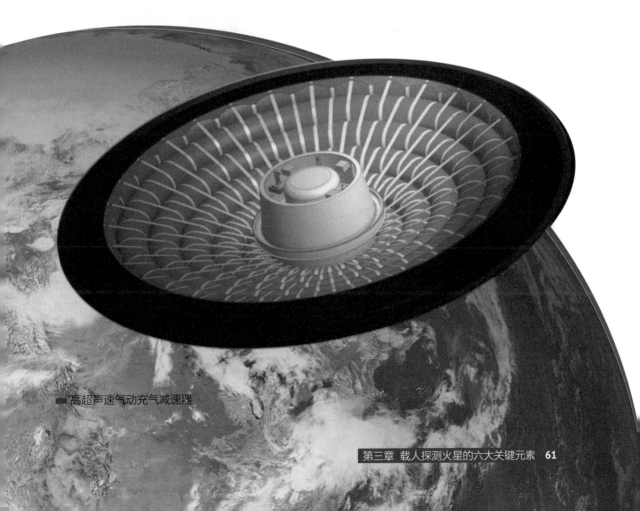

■ 高超声速气动充气减速器

着陆前的减速器

进入、下降和着陆是载人探测火星的重大挑战之一。用于好奇号火星车的革命性的天空起重机着陆系统将不到 1 吨的有效载荷放置在火星表面。而最小可行的载人着陆器超过上述载荷一个数量级，达到 20~30 吨。因此，需要在着陆前采用一种全新的减速方法。

■ 大型着陆器

■ 太空探索技术公司提出的减速建议

■ 火星着陆器概念图

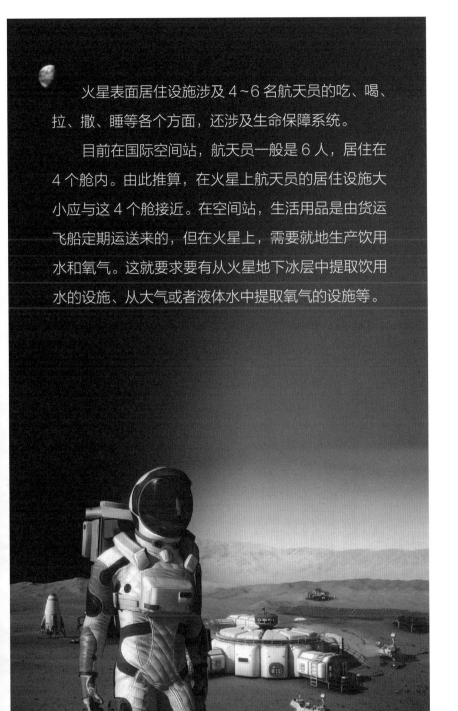

火星表面居住设施涉及 4~6 名航天员的吃、喝、拉、撒、睡等各个方面，还涉及生命保障系统。

目前在国际空间站，航天员一般是 6 人，居住在 4 个舱内。由此推算，在火星上航天员的居住设施大小应与这 4 个舱接近。在空间站，生活用品是由货运飞船定期运送来的，但在火星上，需要就地生产饮用水和氧气。这就要求要有从火星地下冰层中提取饮用水的设施、从大气或者液体水中提取氧气的设施等。

■ 在火星安家

5

火星表面居住设施

在火星上的科学试验内容与在空间站是不同的。空间站主要是利用微重力环境开展在地球表面无法做的科学试验；而在火星表面，主要是分析和研究火星样品的化学结构，这就需要更高级的科学试验仪器，性能要远远高于火星车上所携带的仪器，种类也要多很多。

无论是航天员的生活，还是科学试验，都需要大量的电力，这就需要有规模庞大的太阳能电池阵，或者放射性热电电源。

运输系统包括有生命保障系统的火星车、无生命保障系统的火星车。

■ 在火星上进行科学探索

■ 火星表面太阳能电池阵设计图

■ 科考车

■ 载人火星车

　　从以上分析可以看出，开展载人探测火星活动，实际上要与建立初级火星基地统筹考虑。

6

火星上升飞行器

火星上升飞行器（Mars Ascent Vehicle，MAV）要求将航天员从火星表面运送到火星轨道。由于火星表面的重力加速度约是月球表面的 2 倍，因此，对相同质量的载荷所需要的推力约是月球上的 2 倍。另外，由于航天员多，还要携带重要的火星样品，返回路程遥远，时间需要一年左右，需携带的食物和其他生命保障物品也比较多，这些因素叠加，对起飞发动机的要求很高。未来的发展方向是通过就地资源利用技术，在火星表面生产火箭推进剂，这需要开发零蒸发低温储存等技术。

■ 洛克希德·马丁公司的火星上升与对接装置

■ 火星上升飞行器

7

载人探测火星典型方案

NASA"火星设计参考任务5.0"给出一种载人登陆火星的设计方案,通过这个方案,可以了解未来载人登陆火星的基本思路。

这个方案建议,载人登火往返用的总时间大约900天;发射到低地球轨道的总质量为825~1252吨;载人发射1次,货运发射7~12次。我们按照右图中所标出的顺序逐一加以介绍。

(1)发射货运飞船。由于载人登火需要携带大量的设备和给养物品,因此在机组出发之前大约26个月,先发射货运飞船,计划用战神5号(Ares V,现更名为太空发射系统)火箭发射4次。战神5号的低地球轨道运载能力约130吨,货运工具携带的物品主要是在火星上的着陆设备,包括航天员居住舱、火星车、电源设备、生活用品等。

(2)货运飞船的行星际飞行。从地球到达火星的时间大约350天。

(3)到达火星后,居住舱(40~50吨)被火星的引力场捕获,进入环绕火星的大椭圆轨道,然后利用火星大气层的阻力作用,不断降低椭圆轨道远地点的高度。居住舱停留在环火星轨道上,等待机组的到来。

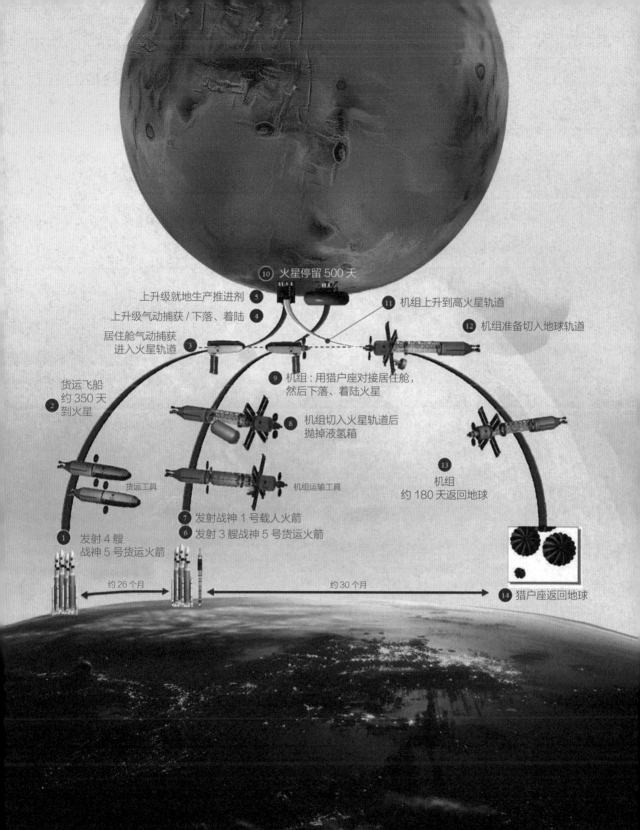

⑩ 火星停留 500 天

上升级就地生产推进剂 ⑤

上升级气动捕获 / 下落、着陆 ④

居住舱气动捕获
进入火星轨道 ③

货运飞船
约 350 天
② 到火星

货运工具

机组 ① 约 26 个月

① 发射 4 艘
战神 5 号货运火箭

⑪ 机组上升到高火星轨道

⑫ 机组准备切入地球轨道

⑨ 机组：用猎户座对接居住舱，
然后下落、着陆火星

机组切入火星轨道后
⑧ 抛掉液氢箱

机组运输工具

⑦ 发射战神 1 号载人火箭
⑥ 发射 3 艘战神 5 号货运火箭

约 26 个月

约 30 个月

⑬ 机组
约 180 天返回地球

⑭ 猎户座返回地球

■ 载人登陆火星整体飞行方案

（4）着陆舱的上升级执行进入、下降和着陆（Entry，Descent and Landing，EDL）操作。

（5）上升级在穿过火星大气层时，就地提取大气层中的氧气，用于上升级的燃料及机组呼吸。

（6）在货运飞船发射 26 个月后，3 艘战神 5 号火箭继续向火星运送设备和给养。

（7）在货运飞船发射 26 个月后，战神 1 号（Ares I）火箭将猎户座（10吨）送入飞往火星的轨道。

（8）在机组运输工具切入火星轨道后，抛掉液氢箱。

（9）进入环火星轨道后，猎户座飞船将与先期进入火星轨道的居住舱交会对接。利用猎户座的动力修正整个系统的速度和方向，开始进入大气层，执行下落和着陆的操作程序。

（10）机组和居住舱到达火星表面，机组将在火星表面停留 500 天左右，开展一系列的科学探索活动，这些活动包括采集样品、考察地貌、科学试验等。

（11）机组上升到高火星轨道。

（12）机组准备切入地球轨道。

（13）机组约 180 天返回地球。

（14）猎户座返回地球。

战神 5 号货运火箭

■ 一种火星着陆器概念图

第四章

轨道设计

我们首先看看火星与地球相对位置的典型情况，即冲与合。当火星、地球和太阳排成一线，且火星与地球在太阳的同侧时，称为冲相。当火星、地球和太阳排成一线，但火星与地球分列太阳的两侧时，称为合相。

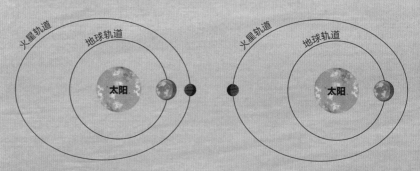

冲相：火星靠近地球且明亮　　　　　合相：火星远离地球且暗淡

■ 火星的冲与合

由于地球和火星的轨道都是椭圆，因此并不是在每个冲相火星与地球之间的距离都是最近的。例如，在 2016 年 5 月 30 日，火星与地球最接近，但此时从时间上来说已经过了冲相。

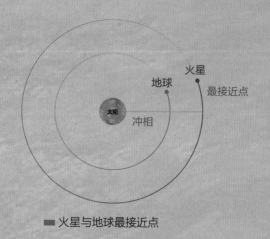

■ 火星与地球最接近点

2

载人火星探测轨道分类

无论是从地球到火星，还是从火星返回地球，探测器都要经历火星与地球之间的行星际转移轨道。行星际转移轨道可分为出航（outbound）轨道和归航（inbound）轨道。出航轨道是指从地球飞往火星的转移轨道；归航轨道是指从火星飞往地球的轨道。

按日心轨道扫过的角度分类，载人火星探测轨道可分为合点（conjunction）轨道和冲点（opposition）轨道。前面我们已经介绍了合与冲的概念，但这两个概念是从地球的视角出发的，而不是从日心黄道系的视角下的观察。"会合"时刻，地球上的观察者会看到太阳和火星"会合"（conjunction）；"对冲"时刻，地球上的观察者会看到太阳和行星位于"对面"（opposition）。

若以太阳为固定中心，地球与火星为对象，可把合点轨道定义为转移的终点位置相对起点为合点关系的轨道，其日心扫角在 180° 附近；而冲点轨道定义为转移的终点位置相对起点为冲点关系的轨道，其日心扫角在 0° 附近或 360° 附近。

由地球和火星的运动规律可知，若往返转移均采用合点轨道，需要停留在火星的时间一般较长，而若单程采用冲点轨道，停留在火星的时间可大大缩短。因此，把往返均为合点的轨道称为长期停留轨道，把至少单程采用冲点轨道，停留火星时间较短的往返轨道称为短期停留轨道。

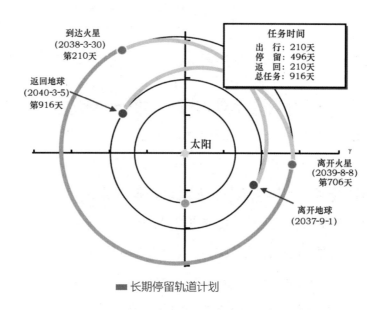

■ 长期停留轨道计划

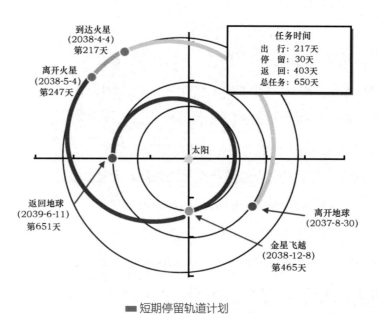

■ 短期停留轨道计划

火星往返任务是一个双重交会问题，必须找到从地球到火星的出航段和从火星到地球的返航段的轨道解决方案。合相轨道，通常被称为"长期停留"任务，受益于地球和火星的行星对齐，在任务的出发和返回阶段，最大限度地减少了速度变量的总需求。这导致在星际空间的运输时间很短，而在火星空间的持续时间很长，有 400~600 天。合相任务的总任务时间通常在 1 000 天左右。

然而，合相的任务也有缺点，特别是在最初的人类探索中。轨道涉及较长的载人任务，总时长大约 1 000 天，几乎没有改变总任务时间的能力。更长的任务时间增加了机组人员暴露在外的风险，并要求航天器系统的总功能寿命也要更长，包括推进系统。对于最初的火星任务来说，离开地球的时间将比之前人类任务的时间长得多，总体来讲，这种情况无疑增加了任务的风险。

"短期停留"冲相轨道只在任务的一段时间内受益于行星对齐。通常情况下，冲相任务将使用一个优化的轨道，类似于合相任务，用于出航段，但随后将使用一个更高能量的轨道用于返航段。这些任务导致了更长的返回时间，但在火星附近的持续时间明显缩短，通常不到 90 天。最终的结果是，"冲相"级任务可以显著缩短远离地球的总载人时间。然而，总持续时间是可变的，并直接与回程的速度变量情况联系在一起。特定的冲相级轨迹可能包括金星飞越环节。

冲相级任务需要太大的推进剂总负荷，并可能需要较长的推进时间，而且在火星上的时间较短，因此用于探索和进行科学研究的时间较少。

■ 可变比冲磁等离子体火箭

第五章

创新技术

1 可变比冲磁等离子体火箭

可变比冲磁等离子体火箭（Variable Specific Impulse Magnetoplasma Rocket，VASIMR）是一种正在开发中的电热推进器，可以用于航天器推进。它使用无线电波电离和加热惰性推进剂，形成等离子体，然后使用磁场限制和加速膨胀的等离子体，产生推力。它是一种等离子推进发动机，是航天器电力推进系统类型之一。

加速等离子体的方法最初是在核聚变研究期间开发的。VASIMR 旨在弥合高推力、低比冲化学推进和低推力、高比冲电力推进之间的差距，但尚未展示出高推力。VASIMR 概念起源于 1977 年，由美国国家航空航天局前航天员富兰克林·张·迪亚兹提出，从那时起他一直在研究开发这项技术。

其他相关的电动航天器推进概念包括无电极等离子推进器、微波电弧喷射火箭和脉冲感应推进器。

VASIMR 技术与基于熟悉的霍尔或离子发动机的其他电力推进系统有很大不同。VASIMR 发动机不使用直流偏置，而是使用射频（Radio Frequency，RF，射频表示可以辐射到空间的电磁频率，频率范围从 300 千赫兹～300 吉赫兹）波电离推进剂并加速产生的等离子体。这些波将能量耦合到自然发生的共振模式中，将磁化等离子体加热到数百万摄氏度的温度，与太阳内部辐射层温度相当。VASIMR 设计中的强磁场可保护材料表面免受这些温度的影响。

VASIMR 发动机有一个独特之处，即允许其比冲和推力在很宽的范围内进行调整，同时保持恒定的输入功率。这种能力可以增加任务灵活性和操作弹性。通过从各种材料中选择推进剂，无须显著改变技术，还可定制特定冲量范围以支持特定任务。可以使较轻离子质量的推进剂提供较高范围的比冲和更低的推力；而较重的离子提供较低范围的比冲和更高的推力。

■ VASIMR

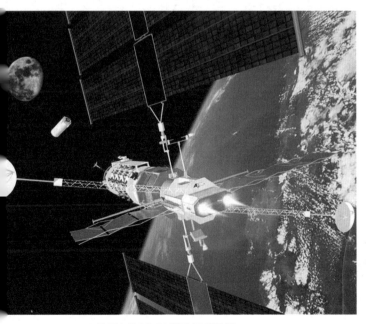

■ 使用 VASIMR 发动机的飞船

2010 年，美国国家航空航天局局长查尔斯·博尔登表示，VASIMR 技术可能是一项突破性技术，可以将火星任务的旅行时间从 2.5 年缩短到 5 个月。为了在 39 天内进行一次想象中的载人火星之旅，VASIMR 需要的电力水平远远超出目前任何可能的水平。

2

高科技火星航天服

航天服是为了在真空、极端温度等恶劣环境中维持航天员生命而设计的服装。航天服有三种类型，即舱内航天服、舱外航天服、舱内 / 舱外活动航天服。

航天服是舱外活动所必需的，有时在航天器内部也要穿着航天服，作为安全预防措施，以防机舱压力损失。在地球轨道和月球表面进行舱外工作时，航天员要穿着航天服。现代航天服通过复杂的设备系统和环境系统增强了基本压力服的性能，旨在让穿着者保持舒适，并最大限度地减少弯曲四肢所需的努力，抵抗柔软压力服因真空而变硬的自然趋势。航天服使用独立的氧气供应和环境控制系统，这样方便航天员自由地移动。

对航天服的主要要求

- 稳定的内压。航天服的内压可能比地球大气压小，因为航天服通常不需要携带氮气。较低的压力允许移动性更大，但航天员在进入此较低压力之前，需要吸氧排氮，以避免减压病。
- 流动性。航天员的运动通常会受到航天服压力的阻碍，移动性是通过精心的关节设计来实现的。
- 提供可呼吸的氧气和消除二氧化碳。这些气体与航天器或便携式生命支持系统（Portable Life Support System，PLSS）进行交换。
- 温度调节。在地球上，热量可以通过对流传递到大气中，而在太空中，热量只能通过热辐射或热传导方式来散失。由于航天服外面的温度在阳光照射和阴影之间变化很大，因此航天服需要具备高度隔热的性能，以使内部空气温度保持在舒适的水平。
- 与航天器或便携式生命支持系统有外部电气连接的通信系统。
- 具有收集和容纳固体和液体身体废物的功能。

次要要求

- 屏蔽紫外线辐射。
- 对粒子辐射的有限屏蔽。
- 操纵、停靠、释放和系在航天器上的装置。
- 防护服的最外层是防刺穿的，可抵御小型微流星体。这些微流星体有的速度高达每小时 27 000 千米。经验表明，暴露机会发生在月球或行星的引力场附近。

在人类探索火星的过程中，到达火星只是成功了一半。为了保证航天员在探索火星时的安全，我们需要复杂的火星基地系统、生命支持系统和通信系统，还需要一种新型航天服。

在月球或火星上的航天服与空间站上用的航天服有什么不同呢？

下一代航天服将取代目前在空间站上进行太空行走的航天员所使用的航天服，提供更大舒适度、更高机动性和更大灵活性，同时在真空、极端温度和辐射下工作时为航天员提供安全避风港。最重要的差别在于机动性和抗辐射性。航天员在空间站上的太空行走实际上没有用腿走，只是用手抓住空间站外部的一些部件来移动身体，从某种意义上来说是爬行。而在月球或者火星上，航天员出舱后是真正地用腿走路，因此要求下半身应具有更大的灵活性。航天服要有一个腰部轴承，腿上有三个轴承，腰部有一个屈曲延伸关节，这样才可以让航天员有能力四处走动，完成多种科学实验任务。机动性越大，航天员可以走得越远，完成的任务就越多。

尽管一些科学家希望能改造火星，但其实火星是一个不适宜居住的行星，其表面温度范围从 -140 摄氏度到 30 摄氏度，还有沙尘暴、辐射，以及稀薄的、富含二氧化碳的大气。所有这些都使航天服成为保护必需品，并要求它们足够坚固以承受所有这些情况，同时仍允许穿着者能使用手指和手臂，并舒适地行走。与月球相比，火星表面有更大的辐射，不仅有更高的能量辐射，还有更多的紫外线辐射。对于长期任务，需要确保材料能够禁受住这种环境。

此外，还有灰尘问题。在月球上，它会粘在所有东西上并导致其功能退化，从而对执行月球任务的电子设备造成严重破坏。月球上的尘埃"就像玻璃碎片一样"，因为月球上没有大气层，也没有风，所以没有摩擦磨损尘埃的锋利边缘，这意味着月球尘埃必须远离轴承等部件。

在火星上，灰尘仍然是一个问题，但和月球上的情况有所不同。因为有风和风暴侵蚀，所以火星尘埃不像月球上那么尖锐，但火星灰尘中含有高氯酸盐。由于火星上的二氧化碳含量很高，人类如果吸入它们是非常危险的，可能会导致癌症。我们必须加强粉尘防控，以免机组人员吸入任何粉尘颗粒。

火星航天服与空间站航天服在设计时考虑的一个重要不同点在于重力因素。空间站是一个微重力环境，因此航天员几乎不需要使用腿，航天员用手和手臂推动自己四处走动。在空间站环境中真正使用脚和腿的场景是使用脚部约束装置将航天员固定在适当的位置。

火星的重力加速度略高于地球的三分之一，月球的重力加速度约为地球的六分之一。目前包括生命维持系统在内的完整航天服质量约 135 千克，尽管下一代航天服的质量仍未确定，但很可能不会减少太多。工程师们还找到了帮助航天员承受重量的方法，如使用类似于远足背包上的腰带，将重量分布在臀部和肩部。

为了适应未来月球和火星探测的需要，NASA 首先推出了 Z 系列航天服。Z 系列是舱外活动太空服的原型，这些套装被设计用于微重力和行星舱外活动。除了 NASA 设计的生命支持系统外，新的高压 Z 防护服允许绕过预呼吸，可以使航天员快速穿上防护服并退出航天器。Z-1 套装由柔软的上半身、柔软的下半身、手套组件、靴子组件和半球形圆顶头盔组成。Z-1 被称为"软"套装，因为在未加压时，它的主要结构是柔韧的织物，尽管它确实有几个硬的机动性元素。该套装的质量为 57 千克，带有航天服接口的质量为 70 千克，带有航天服接口和便携式生命支持系统（PLSS）模型的质量为 73 千克。

■ Z-1 系列航天服

Z-2系列在Z-1测试的基础上对肩部和臀部的设计进行了改进，提高了耐用性。Z-2使用保真度更高的靴子及与全真空环境兼容的材料。该套装的质量为65千克。Z-2包含与NASA先进的便携式生命支持系统的接口，该系统目前正在约翰逊航天中心开发。该套装还将设计与气闸和套装端口连接的接口。

　　Z系列航天服能否在未来被实际应用，目前还不能确定。

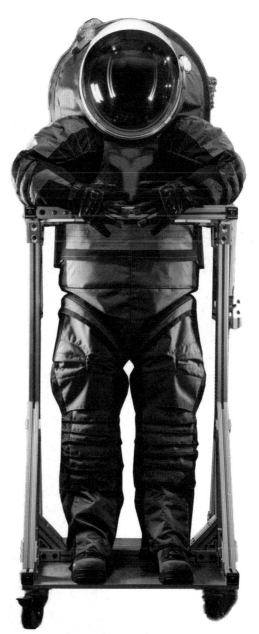

■ Z-2系列航天服

3

轮式火星车和实验室

为了减少登陆火星表面所需的物品数量，NASA将把第一个火星居住舱设计成一个带有可呼吸空气的漫游车。

■ 在地面试验的火星房车

■ 火星房车

NASA 已在地球上进行了广泛的漫游车测试。在未来加压月球车中生活和工作的阿尔忒弥斯航天员将能够提供反馈，以帮助改进火星漫游车的能力。

就像房车一样，加压漫游车将配备航天员生活和工作数周所需的一切物资。他们可以穿着舒适的衣服开车，行驶到距离航天器数十千米的地方。当遇到有价值的地点时，航天员可以穿上高科技航天服离开火星车，收集样品并进行科学实验。

■ 火星车设计方案（一）

为了满足各种目的的探索任务，NASA开发了多任务太空探索车（Multi-Mission Space Exploration Vehicle，MMSEV），这是一种模块化的航天器系统，主要由一个加压核心舱组成，可以配置各种增强装置，可作为适应舱外活动的漫游车，以及航天员的生命支持系统，用于对近地小行星、火星等进行探索。

■ 火星车设计方案（二）

4

激光通信

从激光发展的早期开始，研究人员就意识到，激光在传输信息的速度和密度方面可以胜过无线电。激光的波长一般比无线电波短，它们每秒可以传输更多信息，并且信号更强。从某种意义上说，激光已经在通信中使用了多年。我们每天都通过激光传输信息，无论是通过阅读 CD 和 DVD、在收银台扫描二维码，还是利用电话或互联网服务的光纤主干进行通信。现在，一种更直接，允许高吞吐量、点对点通信的方法——通过空中或太空，在很远的距离上几乎没有数据丢失——即将出现。

早在 1964 年，NASA 就曾考虑过使用激光进行飞机通信的想法。这个想法是先将飞行员的声音转换成电脉冲，再转换成光束。地面上的接收器将反转该过程。

2013 年 10 月，NASA 实现并远远超出了这一目标，当时环绕月球的飞行器通过脉冲激光束向地球站发送了数据，以每秒 622 兆比特的速率进行传输，这个速率前所未有。

随着科学仪器的不断发展，以及 4K 视频等高清数据的应用，任务将需要更快的方式把信息传输到地球。借助激光通信，人们可以显著加快数据传输速度并有更多发现。

与当前的射频系统相比，激光通信将使传回地球的数据多 10~100 倍。使用当前的射频通信系统将完整的火星地图传输回地球大约需要 9 周的时间，而使用激光通信，大约需要 9 天。

此外，激光通信系统非常适合执行任务，因为它们需要更小的体积、质量和功率。更小的质量意味着更多的科学仪器空间；更小的功率意味着更少的航天器动力系统消耗。在设计和开发任务概念时，这些都是 NASA 需要考虑的因素。

由麻省理工学院林肯实验室开发的 NASA 概念验证月球激光通信演示（LLCD）使用了类似的系统，但没有使用光纤，这有利于通过空气和太空进行激光传输（有时称为自由空间光通信，FSO）。LLCD 使用三个组件：调制解调器模块（MM）；光学模块（OM），通过 4 英寸（约 10 厘米）望远镜发送和接收调制激光束；将前两个连接在一起的控制器电子（CE）模块。CE 还将 LCCD 与轨道器、NASA 的月球大气和尘埃环境探测器（LADEE）联系起来，并执行排序、稳定、中继命令和遥测等重要任务。

随着实验的成功，激光通信的未来变得更加光明。

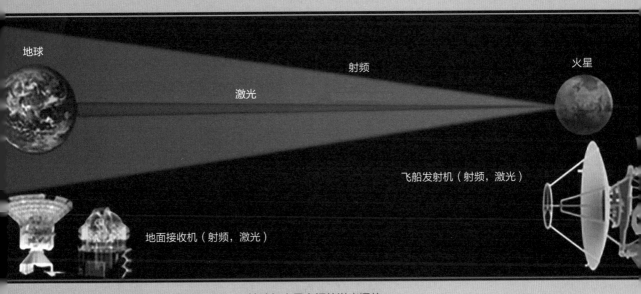

地球

射频

激光

火星

飞船发射机（射频，激光）

地面接收机（射频，激光）

■ 地球与火星之间的激光通信

第六章

表面系统

1

表面居住与实验设施

表面居住与实验设施对于航天员来说是最重要的设施，因为这涉及在火星上的衣、食、住、行与工作，类似于地球轨道上的空间站，但又有自己的许多特点，因为有些实验不是在室内，而是到附近的地方实施。

从住所位置的选择来看，要求有一个相对广阔、平坦且位于中心的区域，货物部件可以在那里安全着陆。

居住场所有三种形式，分别称为移动家园（mobile home）、通勤者（commuter）和远程办公者（telecommuter）。

（1）"移动家园"方案假设航天员在火星表面的探索主要是移动操作。在这种情况下，假设使用两个（为了相互支持）大型的、加压的漫游者进行长时间

的穿越，这些漫游者将离开着陆点 2~4 周的时间。这些漫游者将有空间和资源分配用于太空科学实验。假定着陆点有一定的基础设施，如就地资源利用工厂（可以制造氧气、甲烷、水等）和一个大型发电厂。发电厂的处理能力待定，并且在一定程度上取决于假定的火星车动力源的实现。着陆点还将是"食品储藏室"，将具备最基本的航天员居住能力。根据地面系统的功能划分，可以假设航天员将多次离开着陆点，但在进行下一次穿越部署之前，会定期返回，对漫游车进行补给和改装。

　　漫游者的设计是相互支持的，每个漫游者可以容纳 3 名航天员，但在紧急情况下可以容纳 6 名航天员。每个漫游者都将具有居住功能。虽然两辆漫游者都有空间和资源分配，用于科学实验，但这些实验一般不会在两辆漫游者上重复。每个漫游者都有一个气闸来支持舱外活动，但也假定漫游者能够定期对接，从而允许航天员在不需要舱外活动的情况下（例如，在夜间所有的穿越和舱外活动结束后），在漫游者之间进行转移。

■ 一个"移动家园"的概念设计图

（2）"通勤者"任务包括一个位于中心的整体栖息地、两个小型增压漫游者，以及两个非增压漫游者。这些系统的电力将由一个核电站提供，该核电站将与"下降／上升工具"（DAV）一起部署，并用于制造一部分上升推进剂。穿越工作将受到小型加压漫游者能力的限制。在这种情况下，假定这些漫游者具有适度的能力，假设有两名航天员，在补给之前总的行驶距离为 100 千米，持续时间不超过 1 周。这些漫游者被认为足够灵活，可以将航天员安置在栖息地附近有价值的区域。并不是所有的航天员都要进行穿越，所以总会有一部分航天员停留在栖息地。

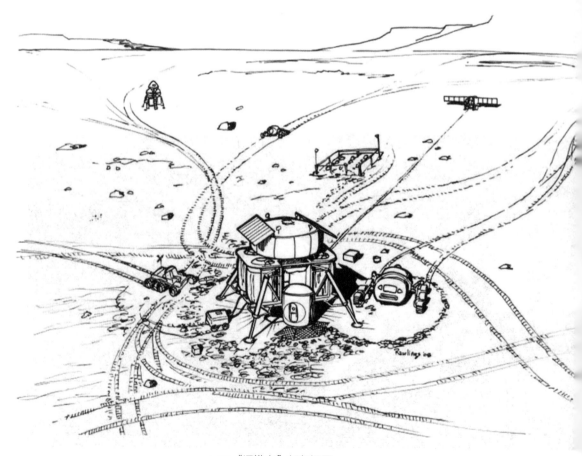

■ "通勤者"任务场景

（3）在"远程办公"的情况下，假定航天员将居住在一个位于中心的单片栖息地，只有未加压的漫游者用于舱外活动。这意味着机组人员的行走距离不超过步行距离（约 15 千米径向距离）。远程探索将由能力很强的机器人漫游者进行，由航天员在居住地远程操作。由于假定预先放置地面货物，因此有机会将这些漫游者部署到远离栖息地着陆点的地方。在这种情况下，这些漫游者将有长达 2 年的时间，在地面操作人员的指导下进行长途探索，最终到达栖息地着陆地点。在航天员到达栖息地后，这些机器人漫游者可以在地面航天员的指导下执行其他任务，是指导未来轨道和着陆任务的工具，可以准确地确定矿床的资源潜力。

■ 设想的"远程办公"遥控漫游者场景

最近几年，很多国家对载人火星探测进行了研究，并提出了许多关于火星表面系统的设计方案，这些方案很有创意，这里选择几个方案模拟场景供读者欣赏。

■ 未来的火星家园

■ 航天员的居所

■ 航天员在表面钻探

2

生命保障系统

火星表面的生命保障系统（Life Support System, LSS）是载人登陆火星任务不可缺少的一部分，并且必须看作是维护成员健康和安全的基本要求。

科学家为火星任务表面的生命保障系统设计了四种方法：开环式、物理/化学、生物再生和缓冲库存。

（1）开环式是最简单的实现方法，在这一方法中，生命维持材料在使用过程中不断从储存的供应中补充，例如，当航天员呼吸空气时，呼吸过的空气被释放到飞船外并从储存中源源不断供应"新"的空气。

（2）物理/化学方法是目前宇宙飞船使用的典型方法，它依赖于物理过程和化学反应的结合，可以对火星大气和水冰进行过滤，清除杂质。

（3）生物再生方法使用高等植物为人类提供食物，并且净化空气和水。

（4）缓冲库存方法利用了已经到位的就地资源利用设备，在制造推进剂的同时，也为航天员提供可用的空气和水。

火星表面的环境是非常恶劣的，在那里大气稀薄、沙尘肆虐、重力远低于地球、辐射极强。保障航天员健康的最重要的方面是辐射防护和减少低重力环境的影响。

火星的磁场微弱，无法屏蔽太阳的辐射及银河宇宙射线辐射。在大约 18 个月的时间里，2001 火星奥德赛轨道器探测到的持续辐射水平是国际空间站航天员所经受辐射剂量的 2.5 倍。2001 火星奥德赛还探测到两个太阳质子事件。虽然研究表明，人体经受 200 拉德的辐射剂量不会造成永久性的伤害，但长期暴露在火星上可能会导致各种各样的健康问题，如急性辐射疾病、癌症、遗传损伤甚至死亡等。

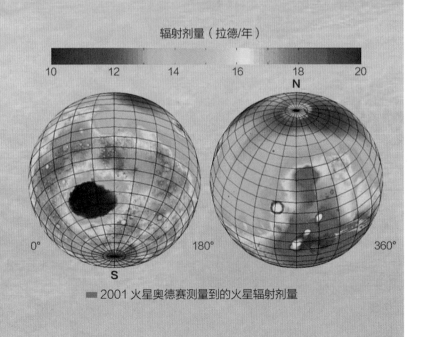

辐射剂量（拉德/年）

■ 2001 火星奥德赛测量到的火星辐射剂量

3

健康保障技术

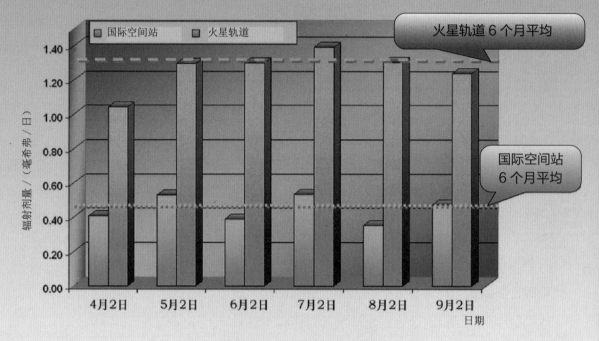

火星与国际空间站轨道辐射剂量对比

地球的磁场保护我们免受太阳耀斑和银河宇宙射线的辐射。对火星探索者来说，空间电离辐射最剧烈的来源是太阳质子事件，它伴随着太阳耀斑而发生。如果没有采取保护措施，探险者受到的辐射量会非常大，远远超过安全范围，会快速导致严重后果。

　　在火星表面，重力加速度降低到约地球表面的三分之一。太空飞行经验表明，在重力降低的环境中，人体会发生显著的生理变化，最值得注意的是骨矿物质流失、肌肉萎缩、心脏不适，所有这些都会随着停留时间的延长而变得更加严重。如果工作人员在宇宙飞船上采取一定的预防措施，这些影响可以降低，制定有效的健康方案十分重要。

　　有效的健康方案在很大程度上依赖于锻炼制度，这通常是剧烈和持久的。目前，还不知道锻炼是否能保证开展长期任务的航天员的健康。此外，航天员一天需要锻炼几个小时甚至更长时间，将很难长期维持锻炼计划。如果航天员发生事故或严重疾病而无法锻炼，就会导致更严重的身体不适。在零重力下，往返火星的时间为 200 天。整个飞行过程中，航天员有 3 年的时间处于低重力状态，这远远超过了人类的太空飞行经验。

4

舱外活动系统

火星表面任务的一个关键目标是让航天员们走到舱外，这样他们就可以直接关注火星表面他们感兴趣的事情。出舱活动必须有加压和非加压探测车的配合，主要任务是野外地质考察和测绘。人类在火星表面的活动与空间站的舱外活动有很大不同之处，这些差异将影响舱外活动系统的设计和使用。

■ 加压的火星车

野外地质工作包括收集有关岩石单元和结构空间分布的数据，以便了解特定地区的地质历史。正如人们常说的："最好的野外制图员是那些看到岩石最多的人。"所以很有必要把地质学家派到行星上进行实地工作。航天服可以让航天员一次舒适地行走几个小时，而漫游者可以让航天员看到尽可能多的地形地貌。

不加压的火星车

5

就地资源利用

什么是就地资源利用

就地资源利用（In-Situ Resource Utilization，ISRU）指在其他天体上获取和加工当地资源。地外天体通常距离地球遥远，对于载人探测来说，不但要为航天员提供充分的生命保障物品，还要提供航天器返回地球所需要的推进剂。如果这些物质全都从地球带去，那成本就太高了，火箭的运载能力也难以满足。因此，对于载人探测火星或太阳系其他行星，就地资源利用不是可有可无，而是必须在探测过程中加以实施的。

就地资源利用研究包括以下内容：

（1）源评估。包括对矿物、水资源、地形、地质和环境的评估和制图。

（2）资源获取。在处理前通过钻孔、挖掘、转移等操作获取所需的物质。

（3）资源处理。将获得的资源转化为可立即使用的产品，包括推进剂、生命维持气体、燃料电池反应物等，或作为建筑和制造业的原料。

（4）现场制造。用一种或多种原材料生产复杂产品。

（5）现场施工。用就地资源生产的材料来建设基础设施，如辐射屏蔽设施、道路、护堤、栖息地等。

（6）就地能量。利用就地衍生材料产生和储存电能、热能和化学能。

火星可利用的资源

（1）水冰资源。

这项资源是最重要的，不仅航天员需要饮用水，而且由水还可以制造氢和氧，这是返回地球的火箭所需要的推进剂原料。如果返回火箭的推进剂能就地解决，就可以使运载火箭携带更多的探测设施。

根据目前的探测结果，火星表面虽然没有液体水，但是在许多地区都发现了水冰。

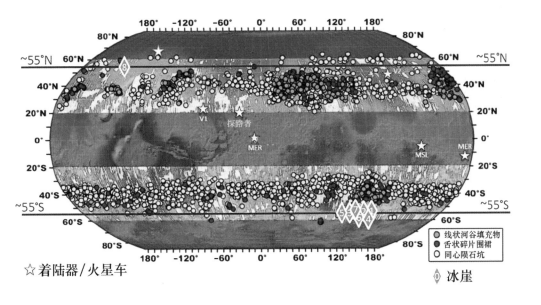

■ 火星水冰分布

（2）氧资源。

火星大气层中氧的含量非常少，但可以通过特定的化学反应生成氧气。

（3）太阳能资源。

火星大气层的太阳辐照强度最大值为 717 瓦 / 米^2，最小值为 493 瓦 / 米^2，平均值约为 589 瓦 / 米^2，为地球太阳辐照强度的 42%。此外，在大气和尘埃的影响下，到达火星表面的光谱强度进一步减弱，具体分布因经纬度的不同而有所差异。太阳能是火星探测器最早利用的能源，无论是轨道器还是着陆器，都要安装太阳能电池翼。在实现载人登陆火星和建立火星基地后，太阳能的利用将会得到进一步提高。

（4）土壤及矿物资源。

火星表面地质介于地球上的玄武岩和安山岩之间，这导致其形成的矿物类似于在地球上发现的矿物，且火星火山多发的特点十分有利于矿物的富集。从元素构成上看，火星土壤及矿物富含铁、硅、镁、钛、镍、铝、硫、氯、钙等元素。从矿物品种构成上看，火星矿物种类极为丰富，主要包括：页硅酸盐矿物、长英矿物、碳酸盐矿物、硫酸盐矿物、镁铁质矿物以及石膏、高氯酸盐和其他盐类矿物。

（5）风能。

火星表面风力资源丰富。根据海盗 1 号、海盗 2 号实测，火星表面风速为夜晚 2 米 / 秒，白天 6~8 米 / 秒。对于上、下坡的地区，风速会大幅增加，有分析表明，对于较大的坡度，风速可以达到 20~30 米 / 秒。由于含有大量的尘埃，火星表面经常出现席卷全球的沙尘暴天气，测试分析表明，火星沙尘暴时平均风速为 50 米 / 秒，最大风速为 150 米 / 秒。

火星氧气就地资源利用实验

美国毅力号火星车上的装置之一——火星氧气就地资源利用实验（Mars Oxygen In-Situ Resource Utilization Experiment，MOXIE），通过在火星大气中对二氧化碳进行电解产生氧气。放大后的 MOXIE 将有助于人类对火星的可持续探索，因为它可以在现场生产数十吨氧气，这些氧气可为航天员所用，而不必从地球表面发射数百吨材料，将所需的氧气运送到火星上。从 2021 年 2 月到 2021 年年底，MOXIE 已经 7 次生产氧气，并将继续在火星的所有季节中昼夜生产氧气。

MOXIE 通过捕尘过滤器吸收火星大气，通过涡旋泵压缩大气，将其加热到 800 摄氏度，然后将其送入固体氧化物电解组件，其中二氧化碳流过镍基催化阴极，分解成氧离子和一氧化碳。钪稳定氧化锆陶瓷电解质选择性地将氧离子传递到阳极。在那里，离子重新组合成氧气，在释放到火星大气之前，测量氧气的含量和纯度。阴极排出的气体是二氧化碳、一氧化碳和惰性气体的混合物。

目前 MOXIE 的性能是 55 克 / 时的二氧化碳摄入量，生成的氧气是 6 克 / 时。在 2021 年的 7 次氧气生产中，MOXIE 成功生产了约 50 克氧气。

将 MOXIE 系统放大几百倍（可以达到 2~3 千克 / 时的氧气产量），可以为发射火星上升飞行器提供足够的氧气。MOXIE 已经证明，在火星上从大气中生产氧气是可行的，是可扩展的，并且满足了效率和质量的期望。

马达

涡旋泵
压缩机

固体氧化物
电解组件

拆卸前盖的 MOXIE

6

电源系统

在火星上居住，无论是生活还是科学探索，都离不开电源。人类到达火星后，采用哪种形式的电源系统最合适呢？从目前的情况看，主要有太阳能电池和放射性同位素热电电源，科学家也正在酝酿发展核电源。由于使用的场合不同，应该有多种形式的电源。

大多数考虑过火星表面生活后勤保障的科学家和工程师都认为核能是最佳选择，这在很大程度上归功于其可靠性和全天候运行的特点。在过去十年中，小型化轻量级裂变反应堆（Kilopower）得到了改进，以至于 NASA 认为它是一种安全、高效和丰富的能源，也是未来机器人和人类探索的关键。

另外，太阳能必须储存起来以供夜间使用，这在火星上的持续时间与在地球上的持续时间大致相同。火星全球范围的沙尘暴会限制太阳能电池板的发电量。在 2019 年火星发生大规模沙尘暴之后，由太阳能电池板提供动力的机遇号火星车停止工作，在这之前，机遇号已经工作了 15 年。

■ 艺术家描绘的由光伏驱动的火星制造厂

2022 年 4 月，美国加州大学伯克利分校的一项研究成果表明，对于火星上的人类居住区，太阳能可能会击败核能。加州大学伯克利分校科学家的最新研究表明，当前太阳能电池技术的高效率、轻量和灵活性意味着光伏可以提供长期探索火星，甚至永久定居火星所需的所有电力。这项研究于 2022 年 4 月 27 日发表在《天文学与空间科学前沿》杂志上。

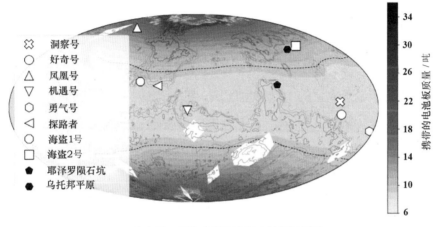

■ 在火星不同纬度所需太阳电池板的质量

■ 太阳能为载人火星任务提供能量补给

研究人员分析发现，对于火星表面一半以上的定居点，如果考虑到太阳能电池板的质量和效率，太阳能与核能相当或太阳能更好——只要使用一些白天的能源来生产氢气，在夜间或沙尘暴期间用燃料电池为基地供电。

前往火星的航天员需要尽量减少他们从地球携带电力系统的质量。如果他们计划的定居点位于火星的中低纬度区域，那么光伏将是最佳选择。

研究人员假设载人运往火星的火箭可以携带约 100 吨的有效载荷（不包括燃料），并计算出该有效载荷中有多少需要用于电力系统。往返火星的旅程大约需要 420 天（单程 210 天）。令人惊讶的是，他们发现电力系统的质量不到整个有效载荷的 10%。例如，对于赤道附近的着陆点，他们估计太阳能电池板加上储氢的质量约为 8.3 吨，而 Kilopower 核反应堆系统的质量为 9.5 吨。

他们的模型还详细说明了如何调整光伏电池板，以最大限度地提高火星站点不同条件下的效率。例如，纬度会影响阳光的强度，而大气中的尘埃和冰可以散射更长波长的光。

尽管表现最好的光伏发电仍然很昂贵，但光伏发电现在可以高效地将太阳能转化为电能。然而，最关键的创新是轻巧且灵活的太阳能电池板，它使运输成本更低。

■ 用于火星机器人前哨地下钻探和太阳能电池阵

■ 加拿大火星协会设计的太阳能电池阵

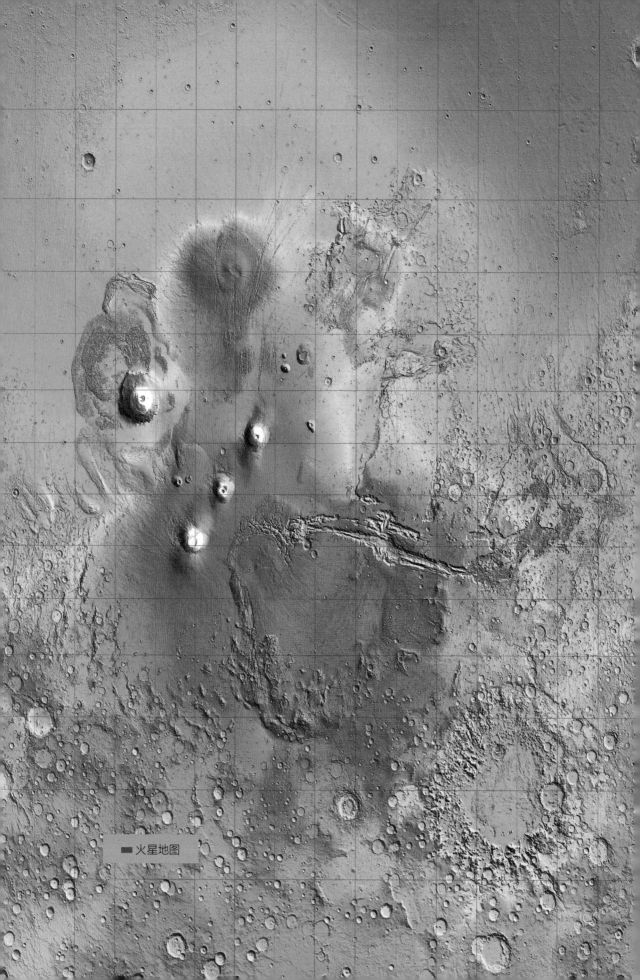
火星地图

第七章

着陆点选择

1

选择着陆点的依据

在选择火星车着陆点时，一般考虑 3 个因素：着陆的安全性、科考价值及位置在南北纬 30°之间。在确定载人探测着陆点时，这个判据是否需要改变呢？答案是肯定的，因为载人探测火星具有自身的特殊性。概括起来说，选择载人探测火星着陆点要遵循以下原则：

（1）考虑到航天员到达火星后，要在着陆点周围进行科学考察，因此，不仅要求着陆区平坦，确保着陆安全，而且要求平坦的区域应比较大。根据美国第一次载人火星探测着陆点研讨会达成的共识，满足着陆条件的着陆区直径要在 100 千米左右。

（2）纬度可以扩展到南北纬 45°之间。

（3）着陆区附近具有较大的科考价值，以便获得更多的科学成果。美国在召开第一次载人火星探测着陆点研讨会时，从天体生物学、大气科学、地质学和交叉学科 4 个方面确定了着陆点需要实现的科学目标。

天体生物学：寻找和描述过去的可居住性；确定是否存在过去生命的证据；确定是否存在现存生命的证据；研究近表面负载的化学反应。

大气科学：通过全球监测和量化大气状态、压力及空气悬浮微粒的分布，提供近地表大气环境；推断以前的气候状态。

地质学：确定表面成分，评估不同的地质过程和古环境，确定地质时间的序列和间隔；确定地质事件的时间；确定火星内部的动力学、结构、组成和演化，解答关于行星进化的问题。

交叉学科：能够实现以上多项科学目标。

（4）着陆区具有重要的水资源和其他可用资源，便于就地资源利用。

2

部分候选着陆点介绍

在美国 2015 年举行的第一次载人火星探测着陆点研讨会上，共收到 44 篇学术论文，对着陆点的选择提出了建议。这里选择 4 个有代表性的着陆点。

诺克提斯着陆点

诺克提斯（Noctics）着陆点位于水手大峡谷的起点。这里的地质非常复杂，山谷和峡谷是由断层作用造成的，并且有许多区域显示了地堑的特征，山谷底部沟渠纵横交错，地块奇形怪状。

着陆点位于战略、科学和操作集合点，即水手大峡谷 + 塔尔西斯 + 地下谷。奥德曼斯陨石坑可能比水手大峡谷更容易获取火星地层记录。探索区规划半径约 1 000 千米。该地区有丰富的含水矿物，如硫酸盐，层状火山矿床可能保护着水合矿床。通过深层钻探可达到液态含水层。从基地运行的角度看，第一个着陆点就是长期基地，基地勘察将由机器人完成，而不是航天员。两辆增压探测车，能穿越 10~100 千米。

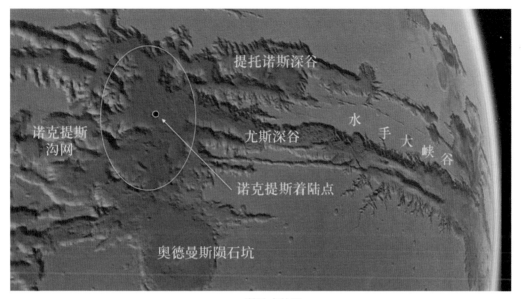

提托诺斯深谷

诺克提斯
沟网

尤斯深谷

水
手
大
峡
谷

诺克提斯着陆点

奥德曼斯陨石坑

■ 着陆点位置

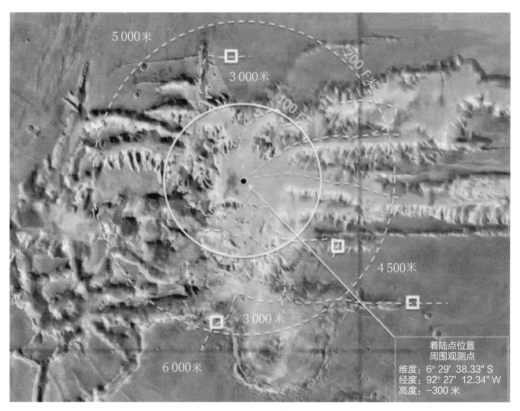

5 000 米

3 000 米

200千米

100千米

4 500 米

3 000 米

6 000 米

着陆点位置
周围观测点
维度：6° 29' 38.33" S
经度：92° 27' 12.34" W
高度：-300 米

■ 着陆区域及周边观测站

荧惑峡谷

荧惑峡谷（Huo Hsing Vallis），位于火星大瑟提斯区，是火星上一个让科学家着迷的地方，因为在这里发现了黏土和其他水合矿物质。荧惑峡谷探索区的直径达 200 千米，其探索价值包括以下几方面：

（1）矿物学上非常多样，记录了一系列古老的宜居环境。

（2）可以在古老的诺亚纪变质沉积物和再活化沉积物地区取样。

（3）包含大量的从早期诺亚纪到晚期西方纪的沉积岩和火山岩样品。

（4）几种类型的天体生物目标，包括具有高保存潜力的位置。

（5）火星上最丰富的水合矿物资源。

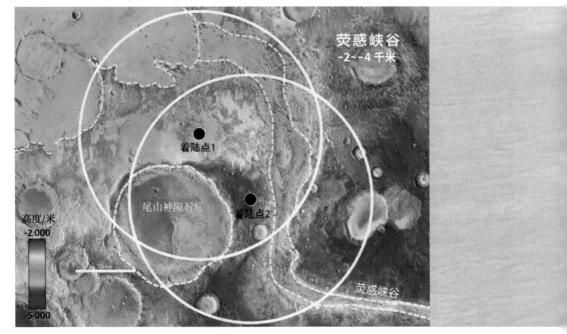

■荧惑峡谷着陆区

梅拉斯深谷

梅拉斯深谷（Melas Chasma）长 547 千米，是水手大峡谷群最宽的一部分，底部有 70% 是较年轻的物质，被认为是被风夹带的火山灰降落形成的风积地形。这个区域也包含了自峡谷断崖侵蚀的粗糙物质。梅拉斯深谷的中间高程比其他区域高，这可能是峡谷谷底其他区域物质落到中央的缘故。梅拉斯深谷周围是大量的崩积物质，就像尤斯深谷（Ius Chasma）和提托诺斯深谷（Tithonium Chasma）的情形。梅拉斯深谷也是水手大峡谷最深的部分，最低处比周围的表面低 9 千米，如果将梅拉斯深谷以流体注满，这些流体在流入北方大平原以前会先形成一个深度最深 1 千米的湖。在这个探索区内，分层沉积的水的体积大约为 40 000 立方千米。

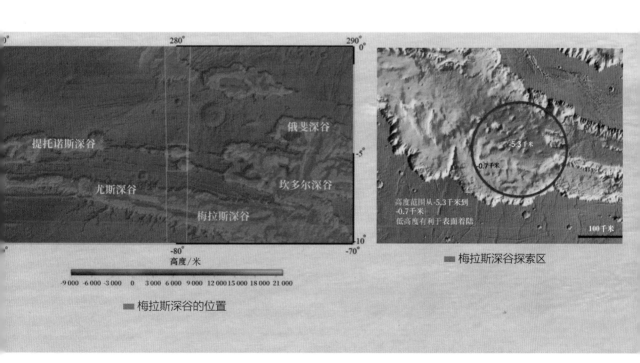

高度 / 米

-9 000 -6 000 -3 000 0 3 000 6 000 9 000 12 000 15 000 18 000 21 000

■ 梅拉斯深谷的位置

高度范围从-5.3千米到
-0.7千米
低高度有利于表面着陆

100 千米

■ 梅拉斯深谷探索区

阿拉姆混杂地

混杂地形用来描述一些行星地表上山脊、裂缝、平坦的小平原等互相混在一起的地形。火星上很多地方都有混杂地形，这种地形给人一种感觉，好像有什么东西突然扰乱了地面。那个"东西"似乎是地下水的大量释放或者是地面冰的融化。大多数混杂地区位于宽阔、浅谷的顶部，另一些则形成于大致呈圆形的洼地，很可能是古代的陨石坑。阿拉姆混杂地（Aram Chaos）是一个明显的冲击盆地，该混杂地直径约 280 千米，深度约 4 千米。

2013 年，在英国伦敦举行的欧洲行星科学大会上，一项新的研究报告，结合了对陨石坑的卫星照片，以及冰的融化过程，提出了由此产生的灾难性外流的模型。该模型认为，大约 35 亿年前，原始的阿拉姆陨石坑被埋在 2 千米厚的沉积层下的水冰部分填满。这一层将冰与地表温度隔离，但由于火星释放的热量，它在数百万年的时间里逐渐融化。覆盖在液态水上的沉积物变得不稳定

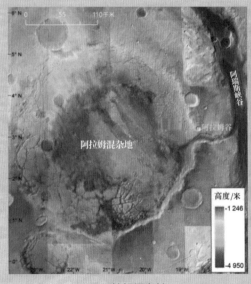

■ 阿拉姆混杂地

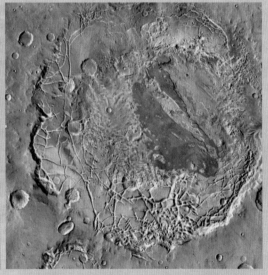

■ 2001 火星奥德赛拍摄的阿拉姆混杂地

并崩塌了。10 万立方千米的液态水被大量排出，其体积是贝加尔湖储水量的 4 倍。在大约一个月的时间里，海水冲刷出了 10 千米宽、2 千米深的山谷，在阿拉姆陨石坑里留下了杂乱的石块图案。一个令人兴奋的结果是，岩石 - 冰结构可能仍然存在于地下。埋藏的冰湖证明了火星正在迅速变成一个寒冷、冰冻的星球。这些湖泊可能会为生命提供一个潜在的有利场所，保护它们免受表面紫外线的辐射。

阿拉姆混杂地拥有一个潜在数百万年的地下湖泊，地下湖泊的位置在 1°28'N，20°40'W，深度为 –2.1~–2.5 千米。这个湖的沉积物是保存过去生命证据的有力候选物，地下栖息地具有良好的抗辐射作用，含有大量的长寿命液态水，覆盖物质具有防止侵蚀的功能，玄武岩含水层通常为中 ~ 碱性。

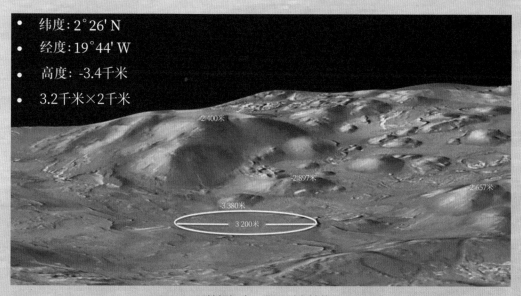

- 纬度：2°26' N
- 经度：19°44' W
- 高度：-3.4千米
- 3.2千米×2千米

-2 400米
-2 897米
-2 657米
-3 380米
3 200米

■ 阿拉姆探索区 3 号科考站位置

第八章

火星基地

1 初级火星基地

尽管人类发射了许多火星探测器，但目前对火星的了解和认识还很肤浅。即使将来载人探测火星，由于地球距离火星遥远，航天员在火星上停留的时间有限，在登陆火星期间所能到达的火星表面区域也只能是一个较小的范围。因此，想要全面、深入地认识火星，必须建立火星基地。

火星基地需要具备以下必要条件：

（1）要有安全、可靠、长期运行的闭环生命保障系统。航天员能在火星长期停留，像空间站那样，航天员可以定期轮换，保障基地长期有人值守。

（2）要有功能强大的火星车，有充足的能源和动力。航天员在火星表面的活动范围大，能到达有价值的地区，能更广泛地研究各类地形地貌、各种特殊的结构。

（3）要有规模较大的科学实验室。科学设备的种类多、功能强，可在火星表面进行矿物成分分析、有机物辨别、元素与同位素分析、岩石年代确定等精密实验。

（4）要有大型机械设备。能进行较深的钻探取样；支持航天员到高处及峭壁观察取样；到深的陨石坑底部取样；能提取和运输大量物资和样品。

建设初级火星基地时，应充分考虑巧妙地利用地形。

火星表面有许多特殊的地形，如陡坡、断层、陨石坑和溶洞。恰当地利用这些地形，可以使火星基地的建筑坚实，节约成本。

陡坡是地球表面常见的一种地形，自古以来，人类就利用这种地形建造房屋。火星表面也有这种地形，如果我们模仿人类在地球上的方法，就可以利用陡坡建立火星基地。

■ 火星快车拍摄的火星陡坡图片

■ 地球上人们在陡坡上建造的建筑

■ 人类关于火星基地的设想

2

高级火星基地

当载人探测火星的技术得到进一步发展后，火星基地的功能也将越来越强大，不仅可以满足科技人员生活的需要，还能充分进行就地资源利用，广泛深入地开展科学考察。

■ 多功能火星基地

在多功能火星基地中，有火箭发射场、航天员居住区、充压的火星车；此外，在基地附近进行科学考察时，还有火星飞机。

目前，许多科学家提出了未来火星基地的设想，这些基地的构型，可以说五花八门、各具特色，反映了人们对建立火星基地的热情与期望。下面为大家展示一些设计的火星基地想象图。

■ 火星基地想象图（一）

■ 火星基地想象图（二）

■ 火星基地想象图（三）

■ 火星基地想象图（四）

■ 火星基地想象图（五）

■火星基地想象图（六）

附录 编辑及分工

书 名	加工内容	编辑审读			专家审读
向月球南极进军	统　稿：刘晓庆	陆彩云　徐家春　刘晓庆 李　婧　张　珑　彭喜英 赵蔚然			黄　洋
火星取样返回	统　稿：徐家春	徐家春　吴　烁　顾冰峰 张　珑　曹婧文　赵蔚然			王　聪
载人登陆火星	统　稿：徐家春	徐家春　李　婧　顾冰峰 张　珑　徐　凡　赵蔚然			贾　睿
探秘天宫课堂	统　稿：徐家春 插图设计：徐家春 赵蔚然	徐家春　曹婧文　彭喜英 张　珑　徐　凡　赵蔚然			黄　洋
跟着羲和号去逐日	统　稿：徐家春 插图设计：徐家春 赵蔚然	徐家春　许　波　刘晓庆 张　珑　曹婧文　赵蔚然			王　聪
恒星世界	统　稿：赵蔚然	徐家春　徐　凡　高　源 张　珑　彭喜英　赵蔚然			贾贵山
东有启明 ——中国古代天文学家	统　稿：徐家春 插图设计：赵蔚然 徐家春	田　姝　徐家春　顾冰峰 张　珑　高　源　赵蔚然			李　亮
群星族谱 ——星表的历史	统　稿：徐家春	徐家春　曹婧文　彭喜英 张　珑　高　源　赵蔚然			李　良 李　亮
宇宙明珠 ——星系团	统　稿：徐家春	徐家春　彭喜英　曹婧文 张　珑　徐　凡　赵蔚然			李　良 贾贵山
跟着郭守敬望远镜 探索宇宙	统　稿：徐家春	徐家春　高　源　徐　凡 张　珑　许　波　赵蔚然			黄　洋
航天梦·中国梦 （挂图）	统　稿：赵蔚然 版式设计：赵蔚然	徐　凡　彭喜英　张　珑 高　源　赵蔚然			李　良 郑建川